卷首插页的庭园全景图是作者本多锦吉郎的水彩手绘。这是为了追悼本多，在 1926 年他去世后出版的修订版中添加这张插图。一般认为它不是实际存在的庭园，而是本多创造出来的。

K.Honda.

图解

庭造法

図解 庭造法 Landscape Gardening in Japan

[日]本多锦吉郎 [英]乔赛亚·康德(Josiah Conder) [日]水野聪 著

木兰 译

中信出版集团 | 北京

图书在版编目（CIP）数据

图解庭造法 /（日）本多锦吉郎，（英）乔赛亚・康德，（日）水野聪著；木兰译 .-- 北京：中信出版社，2023.11

ISBN 978-7-5217-5963-1

Ⅰ．①图… Ⅱ．①本… ②乔… ③水… ④木… Ⅲ．①造园学 - 图解 Ⅳ．① TU986-64

中国国家版本馆 CIP 数据核字（2023）第 162033 号

图解庭造法
著者：　[日] 本多锦吉郎　[英] 乔赛亚・康德　[日] 水野聪
译者：　木兰
出版发行：中信出版集团股份有限公司
（北京市朝阳区东三环北路 27 号嘉铭中心　邮编　100020）
承印者：　北京利丰雅高长城印刷有限公司

开本：787mm×1092 mm 1/16　　印张：10.75　　字数：147 千字
版次：2023 年 11 月第 1 版　　印次：2023 年 11 月第 1 次印刷
京权图字：01–2022–4307　　书号：ISBN 978–7–5217–5963–1
定价：98.00 元

服务热线：400–600–8099
投稿邮箱：author@citicpub.com

关于本书

本书原版为日文与英文的双语版本，日文部分主要为本多锦吉郎的《图解庭造法》原著加部分解读，英文部分主要为乔赛亚·康德（Josiah Conder）对《图解庭造法》原著的解读。日文部分和英文部分虽使用同一套图册，但文字解读角度和内容差异巨大。

日文和英文均在本中文版中被翻译为中文。

原版书说明

本书对《图解庭造法》（本多锦吉郎著）做如下编辑：

结构：调整了原著的部分顺序，使脉络更清晰。原英文文本从第156页开始，原日文文本从第3页开始分别在各卷加入了更现代的解读。

文章：将原著的解说部分译为现代文，特别是将生僻的古汉字改为常用汉字。晦涩难懂的词汇和专业术语尽量加以注释。

插图：清除了黄渍，调整了色调。利用现代的印刷技术再现了原版石印插图的韵味。

原英文文本：原英文文本节选自乔赛亚·康德根据本多的原著所著的《日本庭园景观》一书。它并非译作，而是乔赛亚的著作，为了便于以英语为母语的读者理解，该书比日文版更加翔实。虽然英文版的插图和原日文文本中的一样，但标注已用英文改写（参照第104页“插图对照表”）。

单位：本文中的丈、尺、寸、分由于中日约分习惯的关系略有不同。1丈=303.03厘米，1尺=30.3厘米，1寸=3.03厘米，1分=0.30厘米。

本书的底本

日文文本和插图：本多锦吉郎，《图解庭造法》，团团社，1890年（《图解庭造法》修订版，六合馆，1907年）。

英文文本：乔赛亚·康德，《日本庭园景观》，东京博文馆，1893年。

《图解庭造法》目录

原书为本多锦吉郎的《图解庭造法》

《日本庭园景观》目录

原书为乔赛亚·康德的《日本庭园景观》

図解
庭造法

前言

本书原本是为了给营造庭园做参考，是根据我当时的喜好，参照研究了各种古籍和庭园样式，以及临摹实景得来的。庭园本来就和人们的居所息息相关，所以应该粗略地了解其概要。特别是房主也不想任由园艺师肆意妄为吧。或许在行家看来，本书还不够严谨。但我想人们自会从中领悟到营造庭园的大致要领。以上就是出版本书想要与同人分享的宗旨所在。

庭园以“风趣”为着眼点。风趣应该是观察出来的，而不是想象出来的。因此，在建造庭园时，应该先了解其景观的优缺点，然后配置景观树和景观石。仅凭想象，而不能用眼睛实际观察，是无法断定这种风趣是否可行的。总之，能让风趣一目了然的是设计图。以前，大多数建造庭园的人都是先用图画来构思。古籍中也有此类颇为有益的插图，但是其画法不甚高超，经常能碰到景观的远近以及前后距离与实景不符的情况，让人十分无奈。本书的插图采用真正的绘画方法来描绘。远近、高低、明暗、前后关系清晰明了，力图与人们观察到的实景毫无二致。与以往的庭园相关书籍相比，这就是本书的特色。

本书以《筑山庭造传》[1]及《石组园生八重垣传》[2]为底本，以其他几本书和见闻为基础编纂而成。因为我是绘画专业出身，所以尤其了解古代的庭园构造。也就是说，不用找园艺师，本书就可以帮助您搭配景物。

---

1 《筑山庭造传》是江户时代（1603—1868）关于营造庭园的书。作者是北村援琴，之后秋里篱岛又加上后篇重新出版，构成上中下三卷。该书用插图说明了筑山、平庭、真、行、草等概念和茶园的露路等内容。作为庭造书的经典，该书在明治时代以后多次出版发行。——原编者注（本书如无特别标示，页面下方的注释均为原编者注。）

2 《石组园生八重垣传》是《筑山庭造传》的作者秋里篱岛执笔的另一部庭造书。里面虽然看不到《筑山庭造传》那样对庭园整体结构的解说，但是可以了解到围墙和石组等附属于当时庭园的各式设计。

图中的细节部分，有的地方只画了个大概意思。特别是草木之类，画的不是它的种类和枝干的意趣，而是应该种植的位置。

插图总数为39幅，页数26页[1]。只对必要的插图进行解说，其余非必要的均已省略。

庭园在人生的乐趣中，是最高洁、最清雅的，可谓文明的一种享受。但是，如果造园手法幼稚拙劣，又会产生类似儿戏的弊端，因此就需要可以引证的书籍。

修筑庭园的要领，基本上与建筑相同。要绘制整体的布局图，预先设计好筑山、泉水、树木、岩石的位置和组合。真正大规模的庭园建设，几乎和土木工程一样。即使是两三坪[2]的小庭园，也要绘制设计图，事先设定好树木、灯笼、飞石、手水钵、竹篱笆之类的组合及方位。这对于估算材料的采购费用和工程费用来说很重要。如果不预先设计，造园工程的费用将无法估算，世人往往注意不到这一点。他们不预先设计整体形象，而是全权交给园艺师。园艺师们买来树石，这儿摆摆，那儿放放，如此来建造庭园，待工程结束后房主们才知道花费了巨额费用，后悔莫及。所以我们应当引以为戒。

本书为造园计划提供了切实可行的素材。通过研究书中的各幅插图，根据各自的地形来设计庭园的规模和配置，就没有上述之忧了。

明治二十三年（1890）三月十五日

编者记

1　插图总数39幅，页数26页。这是“前言”里写明的明治二十三年（1890）初版发行时的插图数量。明治四十年（1907）修订版出版时追加了6幅新图，在本多去世后的大正十五年（1926）再版时，又追加了1幅全景庭园图（卷首插图）。

2　1坪约等于3.3平方米。——编者注

总论

庭造术是一种园林艺术，而山水庭园的构造属于美术范畴，与绘画和建筑学有关。它需要造园师见多识广，拥有良好的审美能力以及巧妙规划庭园的技术。也就是说，最主要的是既要符合美术理论，又要表现出自然的雅致。不过，在庭园中再现自然景观，并非只是单纯地依葫芦画瓢，而是人为地决定其位置，添加各种修饰，时而庄严，时而秀丽，根据情况设计各种景趣。

莎士比亚的诗中写道："万物皆有季节，皆有应该被盛赞的好时节，皆有处于完美境界的好时机。"也就是说，要想临摹自然风景，就要将其完整的形态抄下来。自然本身有很多形状残缺、丑陋的样子，因此我们要发挥创意，好好汲取大自然的"精髓"。另外，不加人工修饰的自然景色，在令人心旷神怡的同时，也会自然而然地引发悲伤的情感；在使人精神振奋的同时，也会让人烦恼。庭园则不然。它所追求的是赏心悦目，让身心平静下来。人们在踏入庭园时，能够虚心、坦然、心无杂念、安静地眺望美妙的风景。但是，自然风景中既有陡峭的险路，也有错综复杂的森林。有时让人感到艰险，有时让人感到杂乱，人们时常能接触到令人不愉快的风景。原本这种自然的险路、森林等景趣或许不应该移植到庭园里，如果不考虑人们的观感进行设计，就无法传达将其转移到庭园里的意图。人们说庭园的益处是帮助修身养性，是帮助悟道，或是帮助得到神佛的保佑。总之，要把人的健康放在第一位，建造庭园的大宗旨不应该离开这一点。

关于庭造法，自古以来就有各种注意事项。现在，我想把这些概略总结出来以供参考。

虽说庭园原本就种类繁多，但主要是将山麓、溪谷、海滨、河岸的景趣挪移到庭园中。适合设计庭园的地形有两种：一种是从水流和树木的分布上可以看出原本的地形高低起伏，根据这些特点来营造庭园。郊外的别墅、寺庙等地的庭园就有这种案例，它们都是依照地势建造而成的。另一种能在府邸中平坦的土地上筑山[1]引水，巧妙地建造自然美景。利用这类地形建造的庭园，有的被称为山水庭或筑山庭，有的被称为平庭。山水庭必筑山引水，即使没有水，也要设计出湖水、泉水水流的模样。平庭以石组为主，省略树木，重点是表现出海滨、岛屿的韵味。还有一种被称为露路庭的庭园，为狭窄的庭园增添某种情趣。这也是借景于自然，或模仿山间、林间的小路，或打造出海滨、湖边的意境。另外，还有一种被称为茶庭的庭园，它是附属于茶室的格式固定的庭园，与前面的露路庭没有太大差别，它分为外露路和内露路。外露路分为寄付[2]、待合[3]、雪隐[4]等种类，自成一景。内露路在中门[5]内，是进入带有手水钵茶室的庭园。自古以来，人们就在茶室上下了很大功夫。其意趣娴雅、幽静，将山间的意境挪移进来。很久以前，桑山左近[6]向千利休[7]询问营造露路的方法时，利休回答说当从此首古代和歌中领悟。

还未红就凋零的栎树叶堆积在通往深山古寺的小路上，这是何等的幽寂啊！

此外，小堀远州[8]也向人们传达了建造庭园的真谛。

月光下海面上的粼粼波光在林间隐现。

绍鸥[9]将露路隐喻为：

---

1 筑山是用泥土和砂石等人工筑起的山。

2 寄付是茶会前，供客人寄存物品的地方。

3 待合是茶会前，客人坐下来等待的设施。

4 雪隐即便所、厕所。

5 将茶庭分为外露路和内露路的门，是茶会上主人迎客的地方。

6 桑山左近（1560—1632），安土桃山时代丰臣秀长手下的武将。以茶艺精湛而闻名，对武家茶道产生了深远的影响。同时，他又精通禅道，致力建造具有禅意的茶亭。他对石头的审美意识尤为出名，据说选择庭石的用心程度无人能及。

7 千利休（1522—1591），安土桃山时代日本茶道的集大成者。曾担任织田信长、丰臣秀吉的茶头（茶道师傅），从侘（将朴素的东西视为内在的、精神上的高层次美感的一种观念）的境界出发，将茶道确立为艺术。

8 小堀远州（1579—1647），江户时代的大名茶人，是在千利休、古田织部之后，继承茶道流派之人。他作为建筑师、造园家也很有名气，在桂离宫、名古屋城等建筑、造园方面发挥了才能。远州洗练的审美意识被称为“美寂”，作为“远州喜好”被人们效仿，创造了当时的流行趋势。

9 绍鸥（1502—1555），全名武野绍鸥。作为老师向千利休传授了侘茶的启蒙概念，是茶道的先驱者之一。

留心细看开在秋野上的无名花朵不是更美吗?

这些古代和歌，茶人自不必说，建造庭园的人亦是无人不知无人不晓，但我还是顺手记录了下来。另外，暂且不提上古的庭造术，如今流传下来的样式都是足利时代（也称室町时代，1336—1573）的东西。据说其中大部分是由茶人想出来的，再由相阿弥[1]一派奠定了基础。

在庭园建造方面，古人按照庭园的韵味所做的分类，称之为“庭相”，即风景按照大致风格，可分为雄伟壮观型、温和秀丽型、娴雅幽静型。换言之，就像书院和普通的客厅或者书房等，根据建筑的样式来考虑“庭相”。所有庭园的景趣都以清静为宗旨，林泉之间苔藓萌发，既美丽又清静。树木枝叶不要太茂盛，要稀疏透着光。树根周围种上苍翠欲滴的苔藓为佳。树木繁茂、庭园中郁郁葱葱的景趣，只适合局部角落，不适合庭园的主要部位。人们建造庭园的主要意图在于赏心悦目。一方面，要风景绝佳；另一方面，要有各种巧妙的设计以供人们漫步庭园。或是建亭，或是搭桥，这些都能让人非常愉悦。

另外，庭园还和房屋有关，与房屋的对应关系不同，庭园风格也不同。例如，在以从房间里眺望为目的的庭园里，比如书院前的庭园，布景皆以从室内眺望为主。而在宽广的庭园里，房屋也作为庭园中的景物，在人们逍遥自在地散步时，抚慰着人们的心灵。在书院等地，要根据建筑物营造庭园，别墅、茶亭等应建在有山有水有园池的地方。这就是自古以来庭园和房屋的关系。另外，大庭园和小庭园的营造方法也不同。在书院、客厅等地的庭园里，要注意大庭园看起来不能显得“弱势”，而小庭园看起来不能显得“局促”。

如上所述，通常的庭园以从室内眺望为主，所以应该先考虑房间的状况，再设计庭园。接下来首先要根据地形来构思。地形由自然景物和山脉构成，如果有树木、水流等需要考虑的东西，就应该根据这些来思考设计。如果地形平坦，没有任何需要考虑的东西，可以自己设计各种图案。一般来说，建造庭园与绘制一幅画作有异曲同工之处。从事这项工作的人，应该遍览真山水[2]的美景，熟知各大造园家的庭园，精通古人的方式与方法，具备想象各种景观的感性。当然，应该长

1 相阿弥（？—1525），室町时代侍奉将军足利义政，活跃在绘画、香道、花道、造园等多个艺术领域，是东山文化的代表人物。在园林中，银阁寺的庭园和龙安寺的石庭等都是其代表作。

2 真山水指“真”体山水（有山有水的庭园）。

年在现场积累经验也是不言而喻的。

庭园和客厅里的书画古董一样，是能够表达主人内心的东西，所以绝对不应该随便修建。古人的方法是，整个庭园、其中诸景的气脉要相通，甚至连其细节都要对应、关联、综合一致。如果各自独立，不相互顾及，即使设计得再巧妙，整个庭园的格调也不会协调。这就是设计方案时应考虑的关键点。

在实际设计时，首先应该做的就是决定园中主题，即决定守护石[1]、正真木[2]的位置；其次，要考虑到筑山的远近高低，泉水的宽窄曲直，还要在树石、灯笼、围墙等的配置上下功夫。详细情况参照本书《插图》部分的图1、图2和图3，自然会更明白。不先定主题，随便筑山、凿池、配置树石，不考虑前后的对比，一会儿放东边，一会儿放西边，将末端、细微部分连接起来，最后形成整个庭园，这不是建造庭园的方法。如果不先规划好整个庭园的风格，现场就会产生各种问题，被迫产生意料之外的花销。因此决定主题风格是建造庭园之初应该考虑的事项。

一旦确定了位置和设计方案，就要测量庭园的地形和雨水的排水口，进行实地规划。地形按照本书《插图》部分图1所示，决定筑山和水池的位置。这张图是古法造园图。不管庭园的宽窄程度如何，都在此基础上制定真、行、草[3]的体态，即使是在平庭里配置石头，也要按照这种原则来决定放置场所。不管地形是横的还是竖的，都以此为准。也就是说，这是建造庭园的大原则。各式庭园都是从这里派生出来的。无论是纵横几公里的大庭园还是六七坪的小庭园，都是把这里的位置左右移动，在山的高低、水的曲直、岛的大小上下功夫。只要不失去这种气脉的关联，巧妙地互相照应，就能创作出各式各样的景观。而且，自然也符合规矩。在某个简易的小庭园里布置各种树石，让一块石头代表几块石头，节约树石的数量，这些都是从这个原则变化出来的技法。

以上是关于山水位置的确定原则，但是还有其他重要的事情。书院等庭园是从室内眺望室外。在这里，檐廊和屋檐下的地面应该缓缓向前倾斜。这是一种在眺望风景的时候让视野更加开阔的方法。另一方面，还可以让雨水的排出更加顺畅。这个倾斜的坡度是非常小的，不能太极端。应该设置三四个雨水的排水口，雨水不能混入池水中。不过，也可以往池水的排水口方向引流。

1　守护石是起到庭园中心作用的石头。

2　正真木是起到庭园中心作用的树木。

3　真、行、草是从书法借用的日本建筑样式的理念。“真”是一种严密的正规形态，“草”是打破正规，自由发挥的形态，“行”是两者中间的形态。

庭园的建造顺序是，先从近景开始，向里面建造；然后移到后面，再往里建，中间部分最后完成。话虽如此，但如果按此规定来造园，会对大树、大石头的搬运和配置造成障碍，所以应该酌情处理。只是按照大原则，顺序应该如此。

先布置石组，之后再种树木也是一种造园顺序。虽然先种大树比较方便，但是因为石组是庭园的骨架，所以要先定好石组的位置。在引水入池之前，附近的筑山看上去很高。一旦将水引入池中，就会感觉山格外低。这个要预先计算好。

庭园中的位置和地形确定后，要开始修建细节部分。其中最重点的是岩石的配置。从庭前的主题部分开始，逐渐涉及各个部分。其远近、离合以及高低、疏密，能够体现出作者的水平。整个庭园应该放置石头的部位如本书《插图》部分图 2 所示。此图是配置完整的情况下的石头位置，实际上可能需要省略或取舍这些位置中的某些东西。图中有石头的地方就是庭园的细节。这些细节都应该配上大小不一的草木来增添情趣。石组和树木的种植方法没有图示。应该好好跟专家学习，或者考察实际案例。下文将用图来展示真、行、草各体和在其细微部分放置树石时应有的样式。

插图解说

图 1 ~ 2

详解参照《总论》部分（第 13 ~ 17 页）。

图 3
真体假山[1]图解

筑山的景色以人从客厅眺望为前提，所以就像一幅写生画。实际的山水位置也和图画没有区别。古式庭园都是在了解这些区别的基础上建造的，因此远近高低适宜，没有刻意去增减。这幅图仿佛浑然天成，是古式之最，可以说是“真”筑山的典范。想要营造庭园的人，对照这幅图学习整体的景趣，就能从这里变换出其他方案。

（一）有守护石、不动石、泷副石等名称。岩石根据地形的不同来选择，如果瀑布在其他地方，泷副石就不能成为守护石。守护石是庭园中最重要的一块石头，统括整个庭园，要选择雄伟的巨型岩石。即使省略了其他石头，这块石头也一定不能省略。守护石可和（二）组合使用。

（二）以顶面平坦，有横向突出之势为佳。在瀑布的下面，应该配置水受石[2]、溪副石[3]、波分石[4]、分水石[5]之类的石头（全部使用旧名，以下同），为瀑布口增添风情。

（三）被称为拜石[6]，应放在中岛[7]或其他清静的地方。拜石只限表面平坦的石头，和守护石一样，也是庭园中必须放置的石头。

（四）被称为请造石，在这里可以感受到整个庭园的气势。应选择坚固、坐起

---

1 真体是“真”的形态，假山就是筑山。真体假山指注重形式的带有假山的庭园。

2 水受石为瀑布潭中的一块石头，接受瀑布飞泻而下的水流产生的冲击。

3 溪副石是置于瀑布旁边的石头，具有均衡瀑布潭设计的功能。

4 波分石为瀑布潭中的一块石头，用于分开靠近下游的水流。

5 分水石为瀑布潭中的一块石头，将瀑布的水流一分为二，使其更加富有情趣。

6 拜石，为了拜谒守护石等庭园的重要山石而设的石头。

7 中岛为建在庭园水池中的岛屿（参照书中《插图》部分图 1）。

来舒适的石头，配上两三块副石。参照《插图》中的图1，这个部分就是客人岛[1]。这里是配置客拜石[2]、对面石[3]、脱履石[4]、鸥宿石[5]、水鸟石[6]等石头的地方。总之，此处是庭园中的一个角落，可以说这里是与其他石头组合相对应的重要场所。

（五）被称为控石，其旁应该建造一座小山，并配上平坦的石头。这块石头的名字叫水盆石。这个部分也属于主人岛，是放置安居石[7]、腰息石、游居石[8]等石头的地方。水边的石头应该遵循池水的高低来摆布。重要的是，从一开始就要测量水平面，调整石面和水面的差距。池水的水位用排水口的水闸来调节。

（六）叫月阴石，也叫见越石。这是一块放置在山间阴凉处，位于山水后面的石头。

（七）叫庭洞石，是坚固的立石[9]。有时这里也放守护石。

（八）有上座石、观音石等名字，以表面平厚为佳。这里也有放守护石的时候，这些都是庭园中地位较高的石头。

（九）有伽蓝石、蜗罗石之名，放在飞石的交会处，据说是因为使用了寺院的柱石的础石[10]而被命名的。最近，一般使用废弃的工业用石磨，以佐渡矿山的石材为贵。通常使用废弃的磨盘。

（十）被称为游鱼石，是给水边景致增添情趣的石头，在各处水边都配有类似的石头。

以上诸石，既是庭园中的骨骼，互相照应，也是具有风情的重要部件。其他石头都是上述十种石头的附属副石。

造园的古法多与佛教的说法有关，即造园的主旨都是在表现佛缘。岩石的名称和用途也都是在形容这种说法。也就是说，古人精通整个庭园的位置和山水树

---

1 客人岛为伸入庭园水池的半岛，位于观者的右侧。相反，位于观者左侧的叫主人岛（参照本书《插图》部分图1）。

2 客拜石为置于客人岛的一块石头，意为让客人休息的石头。

3 对面石是放置在客拜石对面的石头。相对于客拜石，这里是主人迎接客人的地方。

4 脱履石是放在客人岛上的一块石头，意指在这里脱下鞋子。

5 鸥宿石是放在客人岛上的一块石头，意为方便海鸥停留的石头。

6 水鸟石是放在客人岛上的一块石头，意为方便水鸟停留的石头。

7 安居石是放置在主人岛上的一块石头，因形似主人所坐的椅子而得名。

8 游居石是置于主人岛的石头。同安居石一样，游居石也是类似凳子的形状。

9 立石是竖立的石头。横卧配置的石头叫伏石。

10 础石是建筑物的基石。废弃的寺庙和公司的础石，在庭园里作为伽蓝石被重新利用。

草的配置方法，他们联想到五行相生相克[1]的理念，从而决定了各部分不可动摇的位置。后世有的人不了解山水的理念，也不理解古人选取这种说法的理由，只是一心拘泥于佛缘，建造庭园，损害山水的风趣，使之与古人的意愿相违背。请重新思考一下吧。

树木的位置

（木一）称为“正真木”，以松柏为佳。在园子里，因为它是主景树木，所以应该选择形状更好的树木。

（木二）景养木是种植在中岛的树木。如果正真木是松树，那么就要在这里种植阔叶树。如果正真木是阔叶树，那么这里就种植松树。其形状要别具风情。

（木三）流枝松（也叫流枝木）。为了在水面上倒映出枝杈伸展的样子，才种植这种形状的树木，如真柏[2]、海滨松[3]等。

（木四）涧障木。种在瀑布旁边，树叶苍郁，形成阴影，衬托瀑布飞流直下的气势。二三枝叶伸向瀑布中间，使其若隐若现，更加富有情趣。涧障木以常绿树为主，也可以使用枫树之类的树木。

（木五）夕阳木，树叶为花形，如红叶之类的树木。

以上是主要树木，各种一两棵。或者一棵树旁添加其他品种，也不失为妙招。

（木六）见越松（也叫见越木），种在山的背后，或是围墙外面。

（木七）寂然木种在树丛的前面，面向树丛深处，营造森林的景趣。如若全都是低矮的植被，便沿着岩石种植，以此表现自然的韵味。

（山一）为庭园中的主山，和（山二）共同形成峡谷，成为瀑布的上游。

（山三）是一座较为平坦的小山丘。这座山和山一之间是设置亭子或“村落”的地方，夕阳木也在这座山的一旁。山路到了这里逐渐平缓，在路旁营造溪流，也是一种乐趣。

（山四）是沿着水边的小路，环绕山麓的中心点。

（山五）是远山或深山，位置在山一与山二之间，不能给人一种险峻的感觉。

1　相生相克是中国的传统哲学思想。相生的东西放在一起，就会带来和睦幸福；相克的东西放在一起，就会造成不和，引发灾难。

2　真柏，也叫圆柏，柏科常绿乔木，生长在海边，也被作为庭木或者植物篱笆墙广泛种植。

3　海滨松，树干、枝杈向着石滩或者地面生长的松树。

除此之外，在临近左方山麓的森林，安放一个神龛，祭祀家中的守护神。在右边的山后面挖井，以供草木生长。这些都是古代的样式，是庭园中不可缺少的部分。另外，石灯笼、庭桥、手水钵、篱笆[1]等也以图上的位置为固定格式。

图 4
行体假山[2]图解

山水行体的建造方法就是省略了石组。（一）的守护石和（二）为一组。（三）与（四）放在两个不一致的高度，使瀑布分成两叠。针对上面的守护石，左右分开配置。（五）在真山水里（参照本书《插图》部分图 3），相当于（山四），两者都是水滨的景观。（六）被称为夹桥石，“真”的放置方法是前后左右放置四块石头；“行”的方法是要和一方相对，简略样式可以放三块或者一块石头。（七）兼有水盆石[3]和拜石的功能。（八）是请造石[4]，别名二神石，接受整个庭园的气势，并与之遥相呼应。（九）是飞石的交会处。（十）是手水钵，这里也作为整个庭园的一部分，兼备控石[5]形态。（十一）兼用上座石[6]。兼用石头时，所有的石头都要是同一座山中的石头，不能兼用他山之石。（十二）被称为“见越石”，庭园较大时，会在背面围出一景。庭园较小时，只会象征性地在这里搭上两三块石头。（十三）和“真”的庭洞石意思相同。因为有三组石头，所以叫三体石。（十四）是月阴石。树木有正真木、寂然木、夕阳木，皆与“真体”相同。

1　篱笆，用竹子或木柴建的围墙。

2　行体是“行”的形态。假山就是筑山。行体假山指适当打破形态的带有假山的庭园。

3　水盆石，因形似扁平的水盆而得名。

4　请造石，结合整个庭园的气势，塑造整体形态的石头。

5　控石，置于庭园主要山石旁，为庭园增添美感的石头。

6　上座石，为收紧庭园整体效果而放的石头，寓意为僧侣在上面打坐。

图 5
草体假山[1] 图解

（一）是守护石。（二）兼具请造石和控石的功能。放在第二个山坡上的寂然木兼具篱笆的功能，树荫下种枝叶柔软的树木。（三）从寂然木开始连续摆上两三块石头，再加上大吴风草、一叶兰等植物。（四）是拜石，兼游鱼石和窥石[2]。（五）是夕阳木。在周围添置两三块石头，种植万年青[3]、杜鹃[4]等植物。（六）是月阴石，是石灯笼的配石，也有见越石的用意。放置飞石的方法单独说明：首先，要根据地形的气势放置；其次，石头的背面要尽量保持清洁。认为背面看不见就不加工，不是能工巧匠之所为。（七）本来是上座石，用副石兼作上座石之意。

无论是山还是石头，名字和用途都应该相对应。即使没有瀑布，也可以在石组中尽情地营造泉流的景色。

图 6
真体平庭[5] 图解

（一）是守护石。将五块石头组合在一起，模拟成瀑布口。（二）是守护石的副石。旁边是筑山，这座山和本书《插图》部分中的图 3 里的（山一）意趣相同。这里还放置庭洞石、上座石。先用岩石、树桩、碎石等筑成两层，称为“荡漾坛”，然后配置这两种石头。（三）和《插图》部分图 3 里的（山三）相同，放在荡漾坛后。石灯笼、灯障木可以称为庭园中的主轴部分。（四）是庭洞石。（五）

1　草体是“草”的形态。假山就是筑山。草体假山指打破原有模式，加入了趣味性的带假山的庭园。

2　窥石，为了帮助窥探内部的石头。

3　万年青，百合科的常绿植物。夏天开黄绿色的花，然后结红色的果实。

4　杜鹃花科的常绿灌木。本书指皋月杜鹃。

5　真体是“真”的形态，平庭是针对筑山所用的词语，即平坦的庭园。真体平庭是讲究礼法的庭园。

是月阴石。（六）是请造石。在这里挖井，周围的情况如《插图》部分图6所示。（七）叫作“中岛石”[1]。（八）是短册石[2]。（九）是踏分石[3]，这是第三个踏脚石，处于接受来自四面八方的气势的位置，这里也可以放置伽蓝石。（十）是二神石，它是左侧的压制。（十一）本来是寂然木的位置，这里只是配置几块石头。（十二）是手水钵。（十三）是拜石，拜石也叫作“大极”。决定好整个庭园的岩石分布以后，计算好位置再放拜石。

真体平庭为书院、正厅而设，风景要求庄严肃穆，不可以太时尚，因此以石组为主，树木只种植两三棵。石头旁边的树木，以圆形树木[4]为佳。

图7
行体平庭[5]图解

（A）是守护石。这个部分三石为一组，兼作本书《插图》部分图6里（二）的上座石。（B）是庭洞石，有居爱石之称。多配以石灯笼和树木，树木最好是柊树、栓木[6]。（C）是月阴石，摆放要能令人产生纵深感。（D）是正真木，种在守护石的后面，旁边放上石灯笼。（E）放置平坦的石头，表示荡漾坛。（F）兼作拜石和大极。（G）是井围，周围种有伞松、圆柏、杜鹃、槻树[7]等。（H）代表寂然木。（I）是伽蓝石。飞石的位置参照“真”的排列方式。（J）是短册石，按照固定礼法放置。（K）是二神石，是真、行、草各体都必须放置的石头。

1　中岛石，山水（有山和水的庭园）中，模拟中岛的石头。

2　短册石，被加工成像诗笺一样细长的矩形花岗岩，一般两块石头要平行错开放置。

3　踏分石，放在步行用敷石岔路口的稍微大一点的石头。它不仅使岔路方便行走，还能使景观更加美丽。

4　形状修剪整齐的树木。

5　行体是“行”的形态，平庭是针对筑山使用的词语，指平坦的庭园。行体平庭是稍微打破常规的平庭。

6　栓木是刺楸的别名，是五加科的落叶树，特征是粗枝和尖刺。

7　槻树，榉树的古名。

图 8
草体平庭[1]图解

（一）是守护石。（二）兼作拜石。植物使用松树、山茶花、谷物[2]。这一组统括整个庭园。（三）是请造石。（四）是二神石。飞石是为了填补宽广的区域而配置的。

图 9 ～ 10
茶庭图解

茶庭被称为“露路”[3]，指将山间林荫小路的景色挪移到庭园里。茶庭分为外露路和内露路两个区域，外露路有待合、雪隐。内露路是中门以内，也可以说是茶室的前庭。这里放一个蹲踞手水钵[4]，以水盆石作为守护石，以前石[5]作为拜石。在其背后，制造树荫，内露路里面放置石灯笼，这里是茶庭的着眼点。另外，还设置了水井作为庭园中的装饰。茶庭好比通向茶室的山间小路，所以主要用飞石来增添情趣。

（一）是蹲踞手水钵。（二）是前石。（三）是汤桶石[6]。（四）是手烛石[7]。

（五）是为了登上躏口[8]而设置的踏石，根据茶室的不同，也可将其分为三段：

---

1 草体是“草”的形态，平庭是针对筑山使用的词语，是平坦的庭园的意思。草体平庭是打破传统格式，形态灵活的平庭。

2 谷物，禾本科植物中，以种子和果实供作人类食粮的谷类作物的总称。

3 露路，茶庭的别称，是进入茶室之前的空间。特点是极适合不留痕迹地植入自然景色，故此得名。

4 蹲踞是以手水钵为中心，围绕石头建造的茶会用洗手设施。蹲踞中心的手水钵叫蹲踞手水钵。

5 前石，蹲踞石组中的一块石头，放置在手水钵前，是人们为了洗手踩踏而放置的石头。

6 汤桶石，蹲踞石组中的一块石头，是放置冬天使用的热水桶的平坦石头。

7 手烛石，蹲踞石组中的一块石头，是日落后举行茶会时，为了放置手烛（小型蜡台）而设置的平坦石头。

8 躏口，茶室门口的小拉门。

踏石、落石、乘石。（六）是刀挂石，如《插图》部分图 9 所示，此处专门使用分为两层的石头。根据刀挂的位置，把刀放在方便的位置即可。

（七）是中门，也叫中潜。这里的飞石分为客石、乘越石（又叫户摺石）、主人石[1]。此外，有时也放置手烛石。中门因方便在此临时迎接客人而得名。

（八）是清扫口。

另外，在茶庭里可放石灯笼的地方有中潜、腰挂、手水钵和刀挂四处。石灯笼只能放在其中任意两个地方，不能同时放在三个地方。

外露路铺上沙子，内露路做成苔藓庭园，这也是一种乐趣。据传，利休在露路上种了松竹，在树下种了茱萸[2]。而织部[3]在僧正谷[4]发现了古老的枞树（冷杉），觉得很有趣，于是第一次将其搬到了茶庭。还有人说利休为雨后流到山路上的一些砂石的样子所触动，在茶庭里也放置了山间的砂石。

图 11 ～ 22
庭园图范例（应用篇）

以上解说的诸图均是造园的正式样式。营造庭园时，首先应该理解这些样式的规则，然后动工。如若不然，胡乱配置树石，等同儿戏。话虽如此，但是如果总是按着这些图样原封不动地建造，又是一种错误的方式。首先要学习这个图样整体的位置和各部分的配置方法，然后加以变化，或添加，或省略，从而令庭园整体和谐统一。以下各个庭园图范例是从上述各个样式发展而来的，它们是古图和我实地考察过的庭园图，描绘的是庭园的典范。这些图没有特别加以说明，全部根据插图想象其前后高低，也没有太大区别。不过有的树木的高低和枝叶的伸

1　隔着中门，外露路的飞石是从外面进来的客人方面的石头，叫作客石。与此相对，内露路的飞石是从里面出来迎接的主人方面的石头，叫作主人石。

2　茱萸，常绿灌木，在春天或秋天开着白色的筒状小花。

3　织部，全名古田织部（1544—1615），安土桃山时代的大名，他不仅继承了茶道集大成者千利休的茶汤之道的思想，还以新奇自由的风格，在陶器制作和建筑、造园等方面，让“织部风格”的设计风靡于世。

4　僧正谷，位于京都市左京区鞍马山的山谷，传说是源义经向天狗学习兵法的地方。

展比例缩小了。因为如果近景的树木按照实际比例来画，远景的细节就看不见了。这些在现场实际调整即可，不必一一参照图样。

树木（参照所有彩色插图）

树木是庭中的主要景物。即使没有一块石头，只用树木也可以打造出整个庭园的景色。但如果胡乱移植，庭园就会变得杂乱无章、了然无趣。因此，配置树木时，必须从树木的大小高低来思考枝干的形状，调节疏密、离合。以前在庭园生长的松树类树木有专用的栽培方法，同时造园师对于树下种植的圆形植物也倾注了很多心思，精心培育了很多年。但最近流行的一种庭园，只将自然生长的树木稍微加工一下就拿来使用。现在，即使想建造古式的庭园，也没有材料，这让人感到遗憾。

古式树木的位置，在前面详解的各图中都有所展示，希望大家能够粗略了解一下。在这里，我将稍微讲述一下造园师应该学习的规则。庭园的花草树木不应该“本所分离”，即不要把应该长在深山里的东西种在水边，也不要把水边的东西种在山野上。如果不考虑风土气候，草木移植后也会枯萎。此外，落叶树不要种在石头前面，不过梅花树和樱花树另当别论。山水之间的低洼处可以种植蜂斗叶、芝、兰、紫菀[1]、菊花、紫萼[2]、芍药、萱草[3]等。栀子、柏、枫、葛、瑞香、丁香、日本铁杉[4]、藤、百合草等可以种在山上，万年青、梅花、苔草[5]应该种在岛上。芙蓉、银杏、圆柏、鸢尾草[6]、黄荷梅、杜鹃种在山上或岛上，莲花、菖蒲种在水泽里，女萝应种在原野上。桥下的树木被称作“桥本木”，在桥上露出枝条，在水里映照出叶影，作为“飞泉障木”[7]。在瀑布的前面或是一旁种上枝条伸展的树木，枝

1 紫菀，菊科的多年生草本。秋天开淡紫色的花。

2 紫萼，百合科的多年生草本。夏秋时开满白、淡紫等颜色的钟状花。

3 萱草，百合科的多年生草本。夏天和秋天能开出百合般的橙色、红色和黄色的大花，但只开一天。萱草也叫“忘忧草”。

4 日本铁杉，松科的常绿乔木。拥有线形树叶和三十米以上的树干。

5 苔草，常见于水边和湿地，是莎草科苔草属的草本植物总称。其茎呈三棱形，叶子通常呈条形，叶子可以用来制作斗笠和蓑衣。

6 鸢尾草，鸢尾科的多年生草本。拥有剑状的叶子，在五月左右开出白色和紫色的花。

7 “飞泉障木”，飞泉指瀑布等从高处流下来的水，意在雅致地遮住水势。

叶遮住瀑布中央不展露瀑布全貌，才算得上风雅。

在山中的腰挂、亭榭或者佛堂等旁边种上树木，用树荫遮住天空，这叫作“庵添木”。松树是这种树木的首选，不能选栗子树、柿子树。有一种能增添情趣的树木叫“见越松”，即树枝三分在墙内，七分在墙外。虽然最好选松树，但是也可以选择橡树、枞树、柏树等。池塘边的树，应挑选那些可以在水上投下倒影，给夏日晴空下的庭园增添凉意的树木，或者是符合月夜风情的树木。树木的配置分为三棵、一棵、五棵、两棵不等，但不要像柱子一样并排。另外，树木重叠在一起也不美观。三棵树应该像甲那样种植，两棵树应该像乙那样种植，五棵应该像丙那样种植。[1] 利休说：“近高远低，由近及远。”织部说：“近低远高，由远及近。”两者都有道理。据说枞树是从织部开始被种植的，竹子是从石州[2] 开始被种植的，而南天竹则是从桑山左近开始被种植的。

在树篱附近种的树叫作“垣留木”，高度和围墙差不多。在树篱附近种的梅花树叫作“袖香”，这是别具风情的一物，以枝杈少、树木低的梅花树为佳。石灯笼后面或者旁边一定要种树。抑或在前面配一棵树，用枝条遮住石灯笼，不让人看到它的全貌，这是一种幽静的景趣，被称为“灯障木”。

在手水钵的前面种上树木，让树影倒映在钵里。枝条大约高出水面一尺二寸即可，不要超出手水钵前端，树木可挑选马醉木[3]、卫矛[4]、南天竹、杨桐、青木[5] 等。因为要用这棵树营造出手水钵前的美景，所以要选择形状优雅的树木。蹲踞手水钵也适用于此。

在水井的旁边，从松、竹、梅、柳等里面选种两三棵，装饰井栏周围。

庭园里需要种的花草树木还有很多，但要避开毒树和毒草。此外，有的庭园的方向与众不同，树梢过高会遮住月亮，所以要事先了解庭园的情况。另外，通风不仅关系到夏季时人的感受，也关系到人的健康，这点可以说是选择树木的一种心得。

---

1 甲 乙 丙

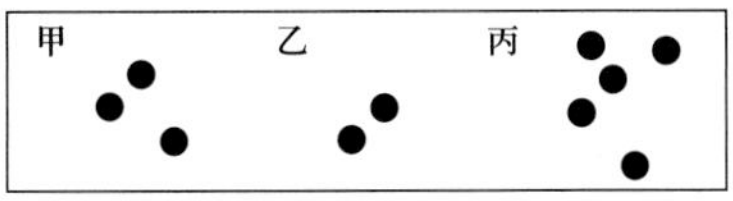

2 石州：石见国（现在的岛根县西部）的别称。

3 马醉木，杜鹃花科的常绿灌木。春天开白花，也叫泡泡花。

4 卫矛，卫矛科的落叶灌木。初夏时分开出淡绿色的小花。红叶很美，常被用作庭木。

5 青木，山茱萸科的常绿灌木。叶子呈椭圆形并带有光泽，春天开出紫褐色的小花，冬天结出红色果实。

茶庭使用的树木又有所区别。以下是古书的记载：茶庭不喜爬地柏、枞树、厚皮香[1]、圆柏等，它喜欢松树、枫树、柏树、青木、卫矛、马醉木、栀子树、楤木、山茱萸、柚子树、溲疏、厚朴[2]、檀树、黄杨等大多叶子会变红、会掉落的树木。此外，盐肤木[3]、木蜡树[4]也可以种植于茶庭。常种植的其他植物有：胡枝子、狗尾草、龙葵、千峰草、白木乌柏、常春藤、凤尾草、蕨菜、蜂斗叶。另外，茶庭一定要种植松树。树木的种植、枝叶的养护请托付给专业人士，如果是自己处理，应该参考植物学的相关理论。如果不时常注意打理庭园中的树木，就很难保持庭园的情趣。当然，庭园管理最重要的事情是每天打扫落叶、去除尘埃。

茶庭里不种圆形植物。也就是说，它要反映出真正的山中景趣。主庭虽说也要映射自然，但因为它还要从技术上补充、创造出超越自然的美景，所以可以种圆形植物，放人造的石灯笼，做其他各种各样的装饰。这也是造园的意义所在。

图 23 ~ 25
石组

石头是庭园的骨骼。为了增添整个庭园的情趣，哪怕只是一块石头，也必不可少。虽然前面详解的诸图已经展示了石头摆放的位置，但是其中一部分的石组如果没有单独图示便很难判别，所以我将石组的图单独绘制，希望能对营造庭园有所帮助。石头没有固定的形状，如果拘泥于图中的形状，就找不到最合适的石头。图例只不过展示了大致的石头形状。剩下的，只需适当地发挥你的创意。

据说古法中有立“九字石组”的说法。意思是把石头横五竖四地摆在庭园里，用以“驱除怨灵恶鬼”，这些石头自然而然地表现出庭园的重要情趣。如果石头没

1　厚皮香，山茶科的常绿乔木。叶厚而有光泽，夏天开白色小花。

2　厚朴，木兰科落叶乔木。拥有巨大的椭圆形叶子，五月份左右开香气浓郁的白色大花。

3　盐肤木，漆树科的落叶乔木。夏天开大量白色小花，秋天叶子变红。

4　木蜡树，大戟科的落叶乔木。五六月份开黄绿色小花，秋天的红叶很美。

有“九字”的寓意，而四块竖石和五块横石又没有自然配置，庭园里的秩序就无法维持。此外，在古法中还有立“律吕石”的说法，指需要副石搭配的石头（律石）和不需要副石搭配、可单独放在各处的石头。

由于所在地不同，有的石材难以入手。在京都、大阪地区，山石、河石、海石都可以自由置办，但东京周边却完全没有这些石头。另外，据说东京石材的种类多为富士浅间的黑色岩石和根府川石[1]。因此，石组也多使用这两种石头。采用哪些石头可以根据当地的情况决定。当然，庭园如果以广阔壮丽的风格为目标，无论多么壮观的景象都可以建造出来；如果以简洁为宗旨，无论多么简化都可以实现。因此想要壮观的庭园，就必须搜罗各地的名石；想要简洁的庭园，使用两三块石头也可以达到预期效果。这都是凭借精湛的技艺实现的。虽然石组可以根据形状灵活运用，但没有规矩准绳，就制定不了组合的方针。既有规矩，又有变化，这就是不能忽视古式的理由。在古式中，石头的形状大致分为雕像石、矮立石、拱形石、平石、卧牛石五种。可以将其中的两种、三种或五种组合为一组，制造出各种景趣（参照书中《插图》部分图 23）。我曾选择这五种石头试着配置了一下。但因每一种石头的形状都有其韵味，我明白了不能忽视古式。但是，形状不整齐的石头不能随意组合。我猜想根据不同位置和高度，每一块石头都应该有最合适的配置方法。于是我再次收集石头，将大小、高低、位置前后对照古式重新进行配置后，又展现出另一种风情。最重要的是要考虑石头的前后、正反面，使之稳定竖立在地面上。放置石头的方法根据个人兴趣而定。更何况，处理奇岩、珍石需要多年的技艺和经验。

在庭园中，山水根据上述石组确立其适当的范围。但是，置石法不能只停留在这里。这些只不过是置石法的基础和标准。随着石头大小的变化和数量的增加，自然会有千变万化的景趣。石组法中，飞石、楼梯等也有一定的古式，应该全部参照图例（书中《插图》部分的图 24 ～ 25）。在古书中有这样一句话：“飞石应该大小混合配置，再大的石头也不能当两块小石头用，小石头大小能放一只脚即可。”据说这是利休说的。应选择高度一寸左右、表面平坦的石头作为飞石。飞石不宜选择表面鼓起或有裂纹的，多以山石为佳。放置方法有千鸟打[2]、雁鸣打[3]等。东京的园丁将黑岩组合在一起似乎非常巧妙。在横滨的某座豪宅里，我

1　根府川石，神奈川县小田原市根府川出产的石头。特征是岩石呈板状，容易分离。

2　千鸟打，斜着交叉的形状。

3　雁鸣打，斜着排列的形状。

在庭园中看到了一处由巨大的黑岩堆成的一丈高的石组，非常壮观。通过这样的方法，将大大小小的各种形状的石头组合在一起，可以创造出庭园里的某种奇观吧。在《插图》部分的图 23 中，我试着描绘了一些石组案例。

图 26 ~ 27
灯笼

灯笼原本是置于供奉神佛的神社中，或者立在路旁的。后来才作为装饰物进入庭园。据古书记载，人们喜欢将斑驳的有年代感的巨型石灯笼挪移到庭园里以供欣赏。在偶然步入神社、寺院的旧址时，或是在远山、森林中巧遇时，有不少人还希望能用重金来换取它。其中有名的是春日神社祓除神殿的石灯笼“二月堂”[1]，上面刻着“健长六年十月十五日”，这是属于古代的东西。在京都，高相院[2]的灯笼当数第一。除此之外，还有太秦石灯笼[3]。书中还记载了世上有人仿造这类作品，并有人趋之若鹜等内容。这些作品的风格应该是足利时代以后形成的吧。

选择放置石灯笼的位置时，首先要考虑石灯笼的大小和土地的宽窄，其次火影倒映在泉水里，或是在树林间可以看到火影摇曳的景趣也很重要。另外，柱子为方形的石灯笼，放置时稍稍靠近庭园侧面，可添风情。石灯笼下放点火石[4]，宜使用天然分为两层的石头。如果是一层的石头，应选择比飞石更高的石头。用于灯笼和手水钵的主要石材为花岗岩[5]、丹波石、山城的白川石头、近江的木户石。除此之外，还有天然石的灯笼；木质灯笼则有春日形、谁屋形（妓院门前灯笼）和苫屋形。

1　二月堂，标准六角形石灯笼。据说原型是奈良春日大社的枝宫祓户社的石灯笼。

2　高相院，针对前文出现的奈良石灯笼给出的京都的例子。高相院指高贵人物的宅邸。

3　太秦石灯笼，京都太秦广隆寺的石灯笼。

4　点火石，为了给石灯笼点火用的踏脚石。

5　花岗岩，产自神户市御影附近，因此日本的花岗岩被称为“御影”。

图 27 ～ 35
手水钵

手水钵不仅具有实用性，还是园中的一景，特别是在大书院[1]的檐廊前面，多作为建筑物和庭园之间的对照物，有时则只是单纯的庭园装饰。在小的庭园里，多用手水钵点缀景色。它的石组种类有各种古法可循，具体形状参照《插图》部分的案例。图28中的（一）是镜石[2]，位于竹檐廊[3]的下方，多使用青石。（二）是台石，是放置手水钵的石头。（三）是清净石[4]（净化石）或者窥石，属于立石类。（四）是手汲石。据传，给贵人奉上洗手水时，要从这块石头上递瓢。（五）是水扬石，是给钵添水的地方，放在钵的后面，从前面只能看见一半。（六）在三合土[5]、油石灰[6]的下面挖两三尺深，加入石瓦。上面建成钵前的形状，中间开一个排水孔。（七）巧妙搭配五六个小圆石[7]（即流海石）。从窗廊[8]到手水钵的距离在一尺四五寸到一尺五六寸之间，钵的大小应该测量竹廊后再设计。手水钵必须置于雪隐旁边，尽头设置袖篱[9]，栽种树木，以避不净。树木半隐于墙后，树前放置石灯笼是固定形式。钵前用油石灰加固，填上圆石、岩石或木桩。蹲踞的手水钵虽说是茶庭专用，但也可以放在宽敞的庭园和其他地方。此外，也可以放在厕所。原本这个手水钵就是手捧着山间的泉水之意，因此才用于茶庭。在正庭里，蹲踞用于下水道；而在茶庭里，蹲踞用于上水道，另外提供铜罐作为下水道。蹲踞的石头有钵和前石，右侧的汤桶石，以及左侧的手烛石。前石与其他飞石相连，比其他石头稍微高一点。排水口处应该添置三四块圆石和瓦片。蹲踞背后用树木添景，还要放置石灯笼，这才是标准格式。手水钵的形状也有古代样式，如枣形、四方佛形、袈裟形、铁钵形等，这些都是适合放在台石上的手

1　书院指的是武士或公家宅邸中的书房。大书院特指又大又漂亮的书房。

2　镜石，表面像镜子一样明亮而有光泽的石头。

3　竹檐廊，用竹子制成的檐廊。

4　清净石，在檐廊前配置手水钵时，靠近墙边的那块石头，它是必须放置的石头。

5　三合土，在砂石和石灰中加入水，进行涂抹加固的东西。

6　油石灰，在消石灰中加入海萝炼成的日本独有的涂料。

7　小圆石，滚落在地上的鹅卵石。

8　窗廊，设置在木板套窗外侧的窄走廊。

9　袖篱，像和服袖子一样，用于遮掩和分隔的短墙。

水钵。严海形、圆星宿形、方星宿形、岩钵形等是埋入型手水钵，具体请参照书中《插图》部分的案例。

图 36 ~ 39
其他庭园附属物

其他的庭园附属物，在竹篱、围墙、门扉、亭、堂之类的图示中都有所展示。其中竹篱的编法尤其凝聚了造园家的匠心，形状也多种多样。不过，此处只展示固定样式的和风雅的、没有问题的竹篱。竹篱的尺寸难以一概而论，因为它是随着建筑和庭园的比例而改变的。测量庭园整体大小与该部分的比例，搭建出的竹篱与之相符，才称得上上品。原本押条[1]的间隔，有个大致的规定，但这个规定也是从整体均衡中产生的。据说最下面的押条要绑在比土高七寸的地方。押条有三根、四根和五根之分，它们的间隔是相同的。从最上层开始，将竹篱的结点取得稍长一些。其比例是，间隔为一尺的延长为一尺四寸，一尺二寸的延长为一尺六寸。但是这只是基础，多数要根据竹篱的情况来建造。木桩和竹篱有长短之差时，要把木桩的头留得比竹篱的结点长一寸八分到二寸，或二寸五分。《插图》部分的图 38 包含枝折户[2]的中门，木桩和竹篱门之间有固定尺寸。柱子从短到长，长度为四寸到六寸。另外，从竹篱的结点到短柱的顶部的距离，以六寸到八寸为准。竹篱的材料用萩、芦竹[3]、矢竹[4]、竹穗、圆木梢等。被称为莺垣的竹篱，使用乌樟[5]制作。圆竹要去掉竹节，磨平表面。绳子则用蕨绳、藤、萝、棕榈绳之类的。书中关于竹篱以及其他附属物的插图只展示了其主要形状，竹篱的构造应交给精通此道的人。如若按照此图的比例制作，外形便不会有太大出入。所有附属于庭园的东西，无论是形状、材质还是构造，都以有情趣为宗旨，所以不能单纯地以坚固、

---

1 押条，为了固定竹子等而钉上去的横木条。

2 枝折户，用树枝和竹子做成的简易推门。

3 芦竹，禾本科的多年生草本。茎中空，竹节粗壮。

4 矢竹，用于制作箭头形花纹的细长竹子，与丛生竹类似。

5 乌樟，樟科的常绿乔木。树皮绿色中带有黑斑，是制作筷子和牙签的材料。

永久耐用为目标。另外，还需与庭园适配。书院的檐廊前不适合放置细眼的方格竹篱，茶庭里不适合放置庄严的竹篱。总之，应该谨记庭园注重风雅，不能落于庸俗。

图 40 ～ 45
附录[1]：门前花坛及通道

门前花坛是人们后来才兴起的，古式里没有。这个构造的要旨是，让马车或人力车从正大门进到玄关，以方便乘车和出入。再添加树草、岩石、竹篱墙等，创造出情趣。因为有这个基本目的，所以门前花坛以通道设置、进出便捷为主。如果只是徒然地侧重于木石的风韵，可能导致树枝剐蹭到车顶盖或岩石触碰车轮。门前花坛的设计是根据玄关前庭园面积的大小来决定的，需要圈出一圈接近圆形的地面。汽车从正大门进入后向这个地方开，绕了半圈后停靠在玄关，此后再绕半圈出去。另外，门前花坛的样式应该与正大门或玄关的建筑样式相对应。如果是严谨的住宅，就将松树等形状庄严的树木种植在主要位置，并在树下放置一块点缀用的巨石。再配上小松树和山白竹，铺上草坪，形成一种边界线。简而言之就是要尽量简单，以四季不会发生变化的东西为佳。如果是雅致洒脱的建筑，则以树干细长的两三棵松树，或是一两棵百日红为主树，下面栽种兰草或小竹子之类的植物为佳。用圆石作为界线，在地面上种苔藓，或是铺上小石子，仿佛苔藓是天然生出一样。虽然也可以考虑其他方案，但是如果不结合建筑、场所和地面景物的状况并酌情进行设计，就难以得到最合适的景致。

原本，与阴郁的景致相比，玄关前更适合亮堂的景致。也就是说，玄关的目的在于，出入房屋时，给人一种身心愉悦的感觉。在某些地方，树木繁茂、景色幽暗或许别有风情，但出入房屋时，这样的景观使人感到不快。

另外，玄关前的通道通常铺小石子。如果铺石头，最好全部铺上切割好的花

---

1 图 40 ～ 45 的解说和插图，在明治二十三年（1890）初版发行时没有包含在内，明治四十年（1907）修订版发行时，第一次作为附录加入其中。

岗岩石块，曾经流行的水泥、人造石次之。陶土瓦片也不错，或将耐火砖按照竖向、千鸟打、雁鸣打、乱桩打[1]放置，做成边界线亦可。原本铺瓦片、根府川石时，只铺在汽轮之间，人行通道不铺，在左右的车道上嵌入石子。以稍粗的竹子作为道路的边界，并在竹子间铺上小石子，显得风情万种，颇为有趣。这种竹子锯一下可以折弯，对于弯曲的通道来说妙不可言。还可以在小石子边上种上中等粗细的杉树来阻挡。无论是竹子还是圆木，安置在地面上时，要么使用折断的竹子，要么像竹签一样扎进去。将圆木弯曲的部分斜着切除后，再连接起来就能使用。所有通道的左右两侧都设有排水沟。这种用竹子或者圆木规划出来的石子路，不仅可以用于通道，也可以用在庭中延段[2]处，还适用于花坛的通道。圆木可以直接用，也可以烤出纹路后再用。竹子可以用三年左右的老竹子。等初春、有喜事时候，再换上青竹，实在是新鲜而舒心。

1　乱桩打，在水边或路边打入木桩，防止边界线倒塌。一般为了增添景趣，将木桩随机打入。

2　延段，庭园内铺满石头的道路。

插图

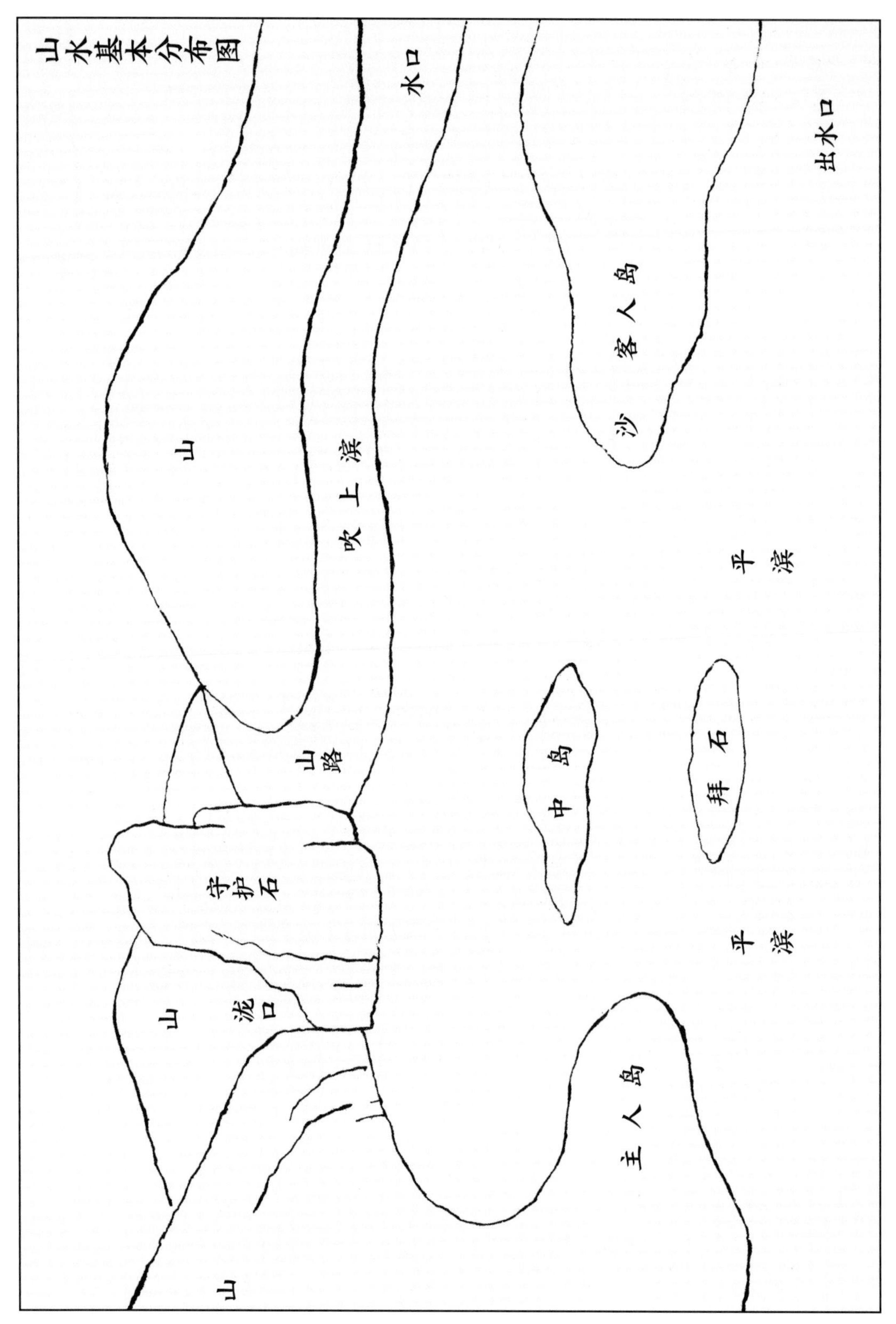

图 1　山水基本分布图[1]

1　吹上滨：岸边的沙滩。平滨：宽阔的沙滩。——译者注

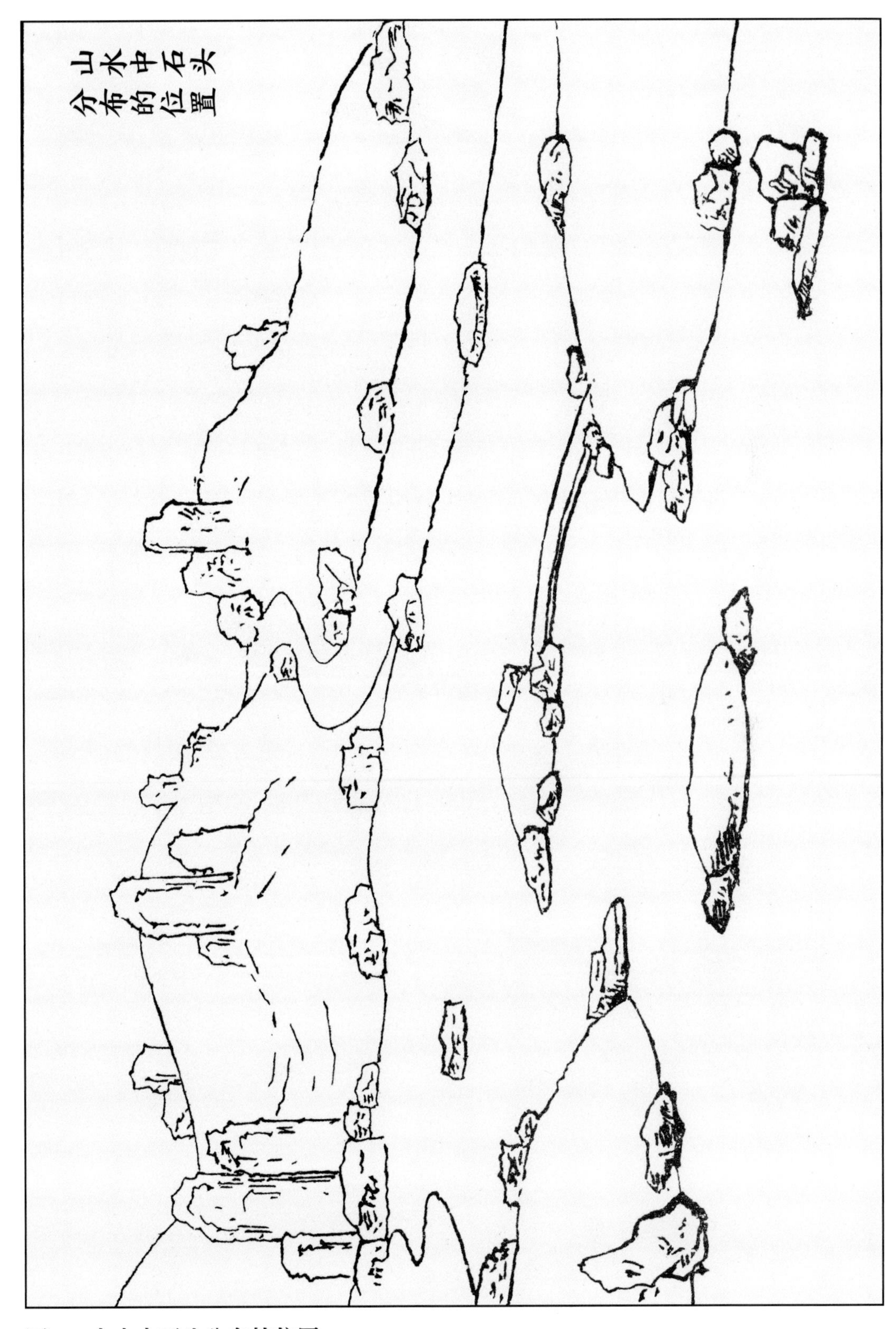

图 2　山水中石头分布的位置

木六
山五
六
山二
木一
山一
七
木四
一
二
木七
十
山四
五
九

图3　真体假山全图

十四
十三
一
二
三
四
五
六
十
九

图4 行体假山全图

图5 草体假山全图

六
一
七
五

四
六
十
九

图6 真体平庭全图

图7　行体平庭全图

D
C
A
I

一
二
四

图８　草体平庭全图

图 9　茶庭全图

六
五
二
四
一
八

外露路
内露路

图 10　茶庭全图

图二　庭园图范例

图12 庭园图范例

图 13　庭园图范例

图 14　庭园图范例

图 15　庭园图范例

图 16　庭园图范例

图 17　庭园图范例

图 18　庭园图范例

图 19　庭园图范例

图 20　庭园图范例

图 21　庭园图范例

图 22　庭园图范例

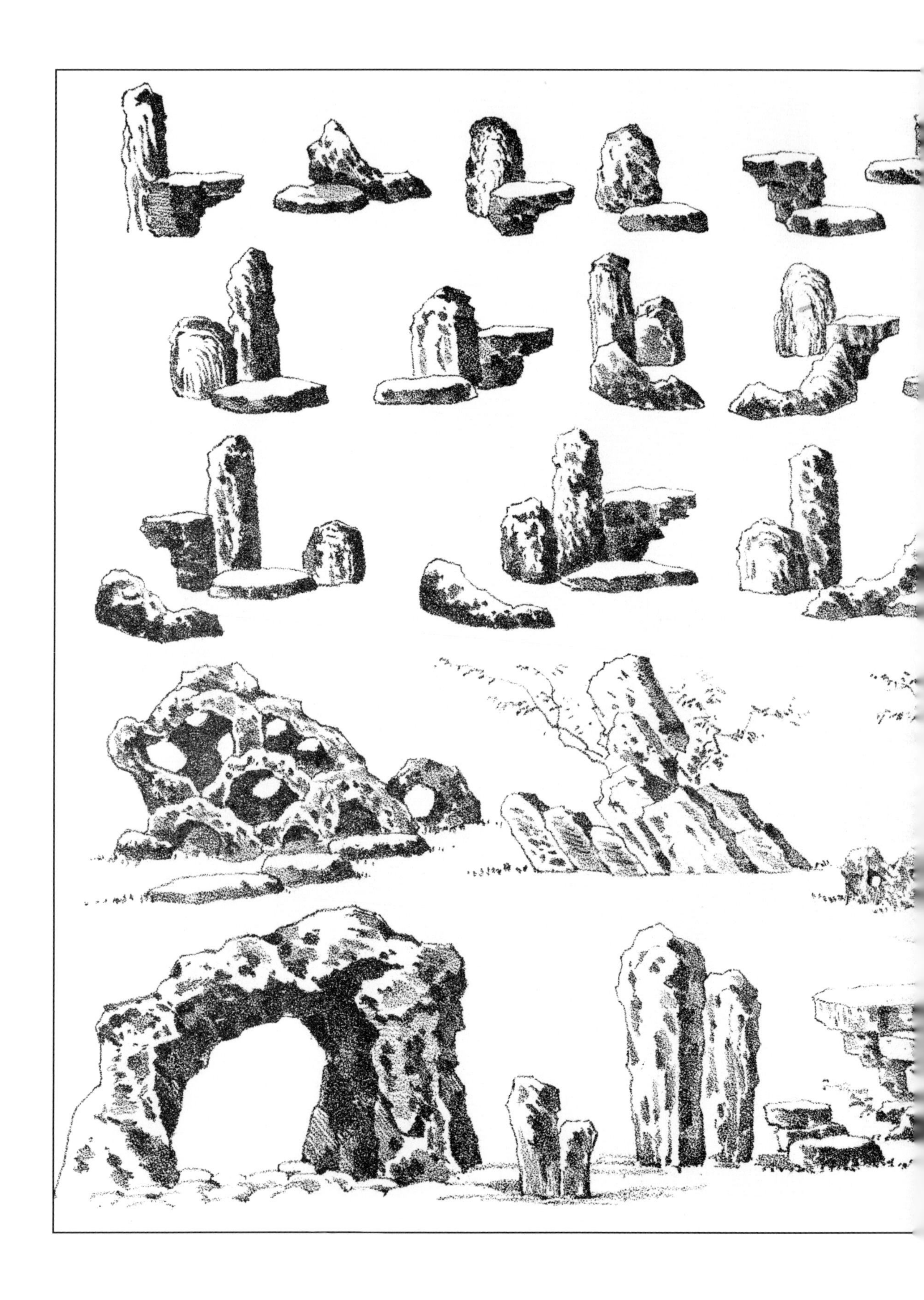

图23　石组

图 24　石组

图 25　石组

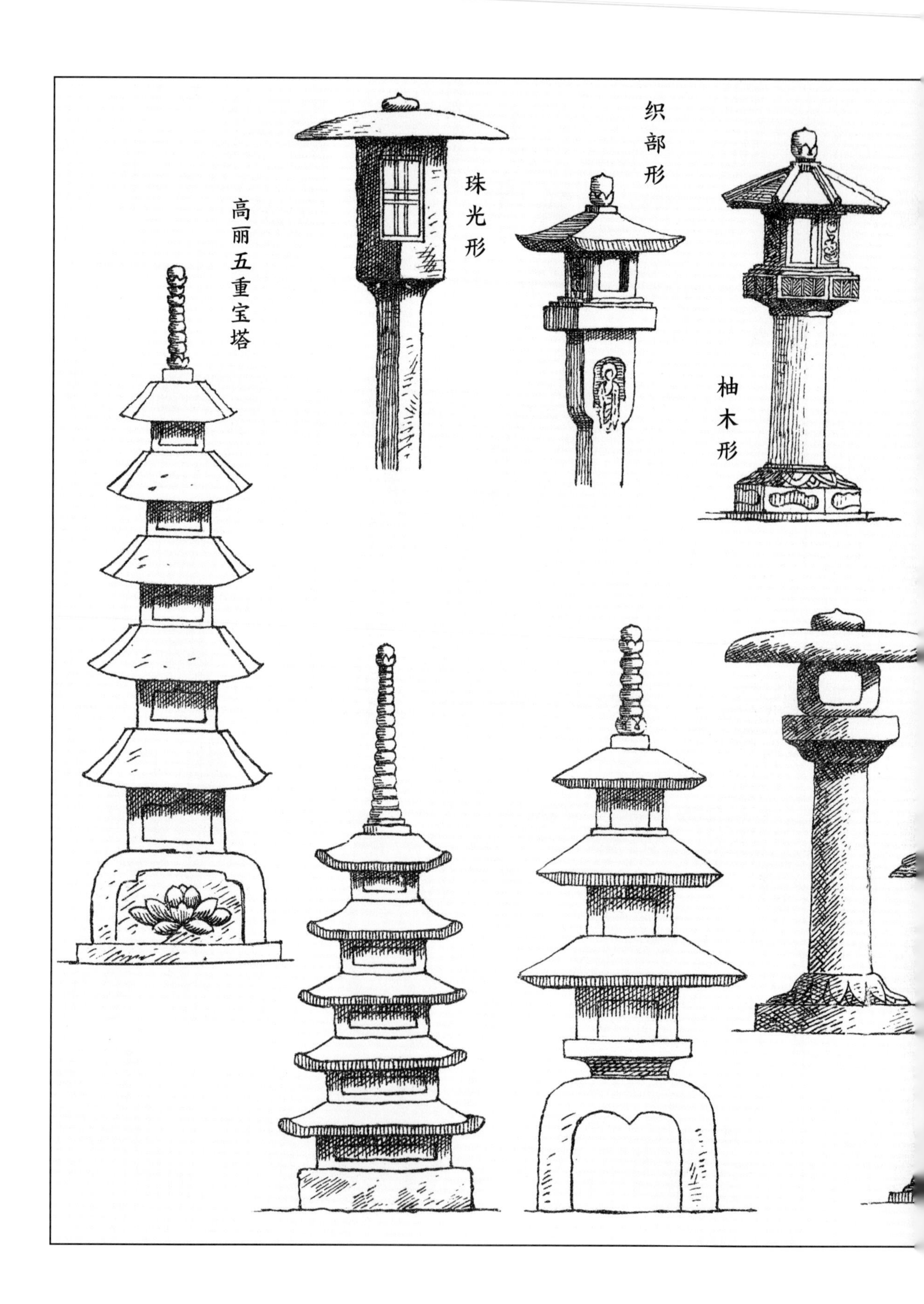
高丽五重宝塔
珠光形
织部形
柚木形

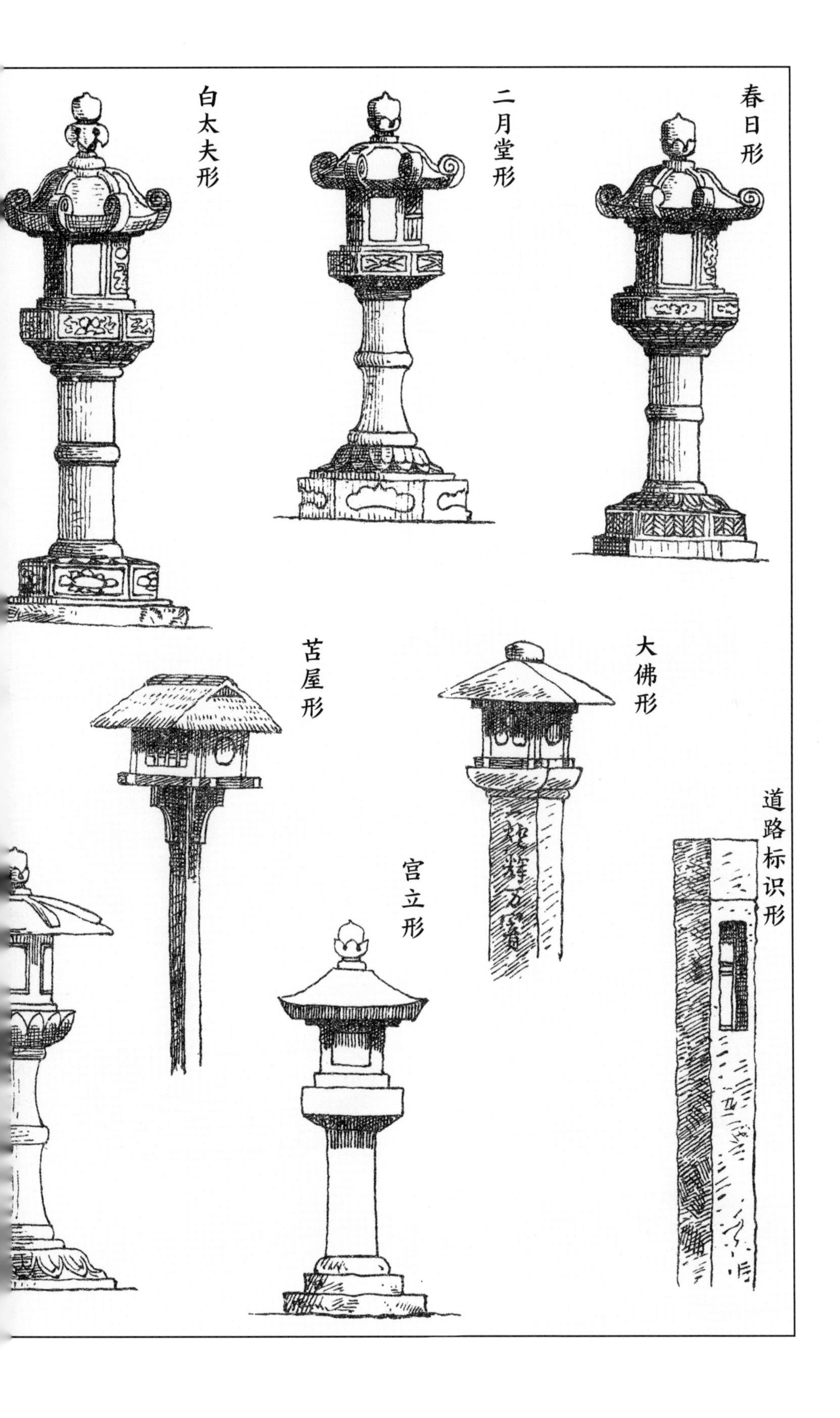

图 26　灯笼／石塔

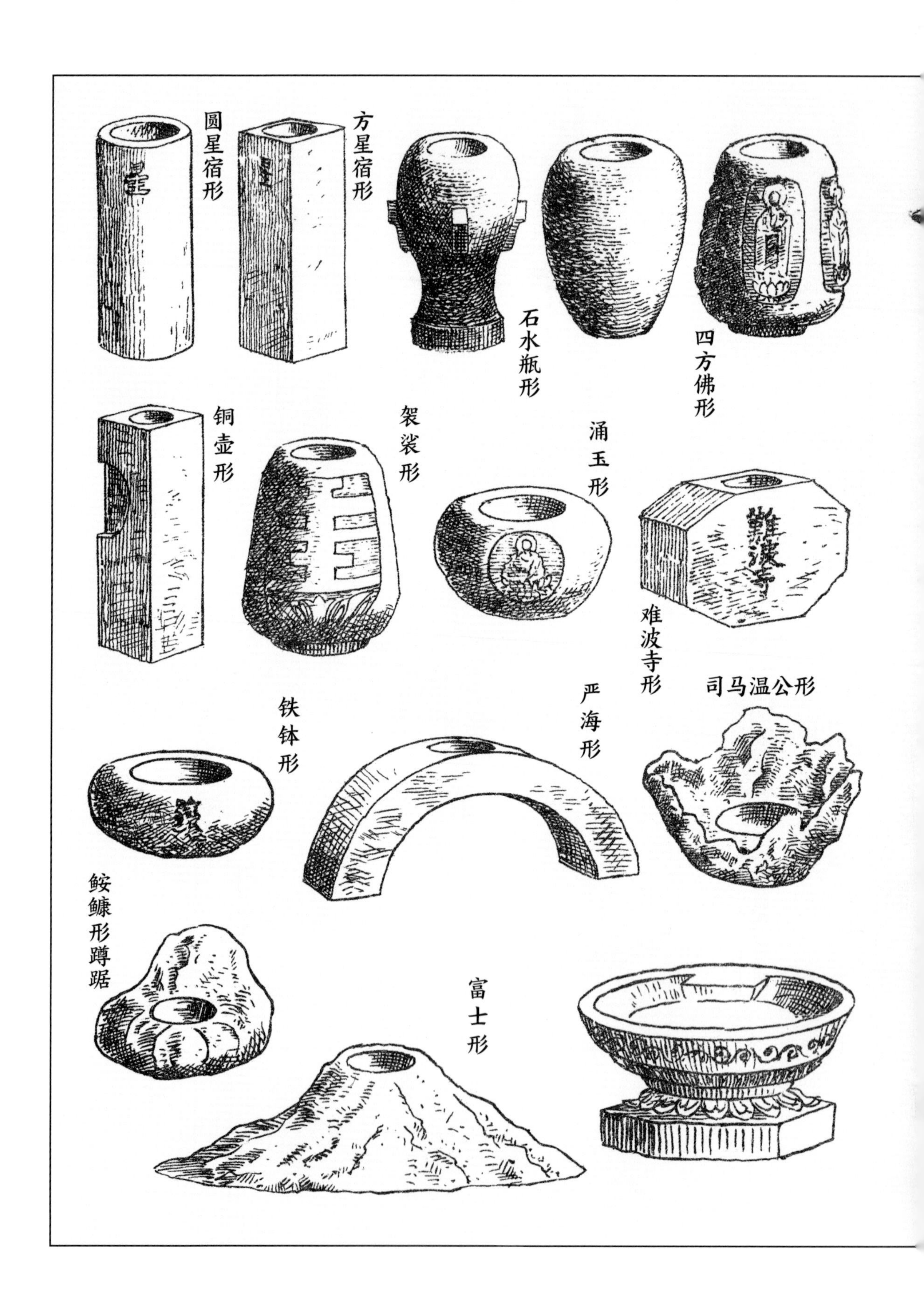
圆星宿形
方星宿形
石水瓶形
四方佛形
铜壶形
袈裟形
涌玉形
难波寺形
严海形
司马温公形
铁钵形
鮟鱇形蹲踞
富士形

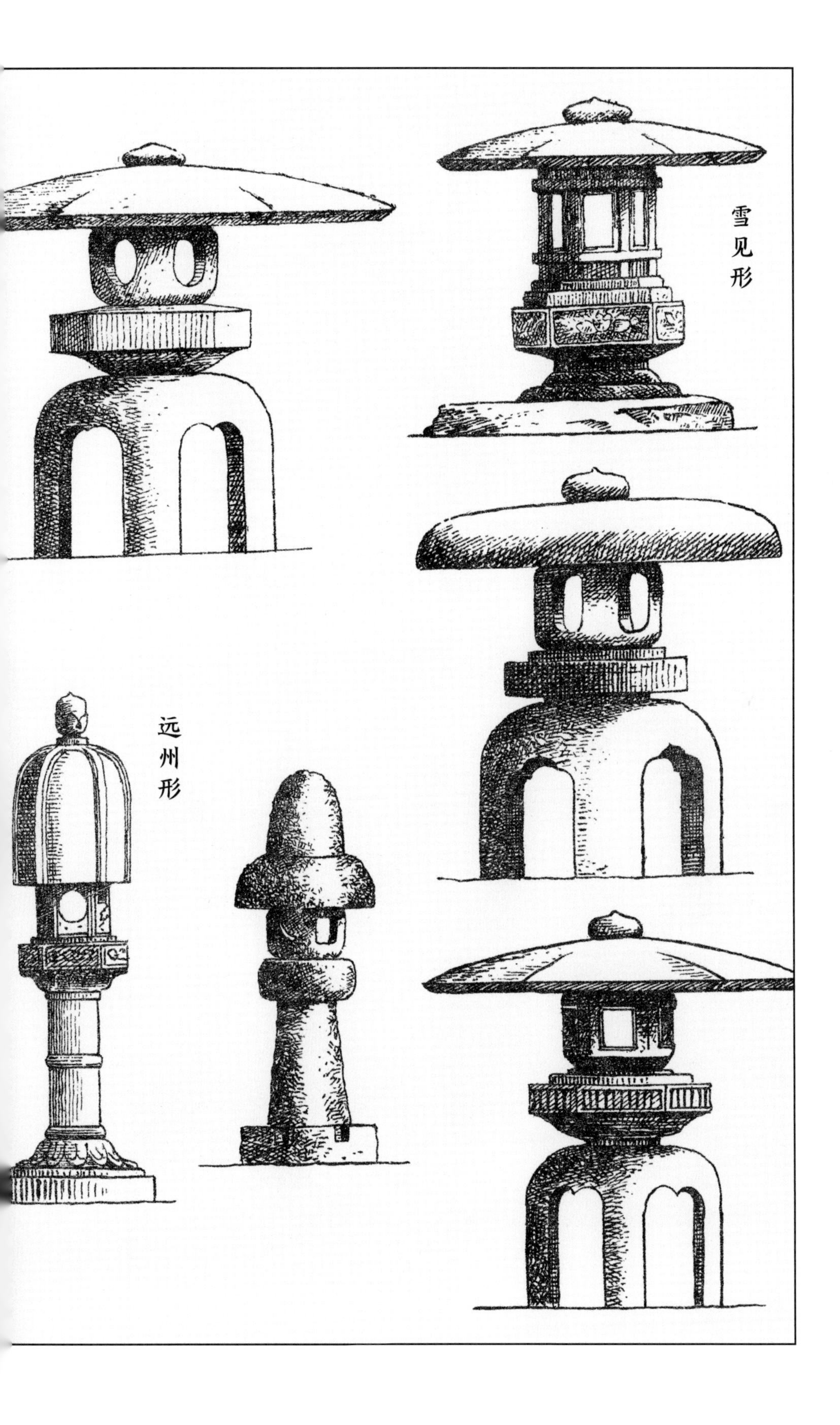

图27 灯笼/手水钵

图 28　手水钵

图 29　手水钵

图 30　手水钵

图 31　手水钵

图 32　手水钵

图 33　手水钵

图 34　手水钵

图 35　手水钵

图 36　其他庭园附属物（庭桥）

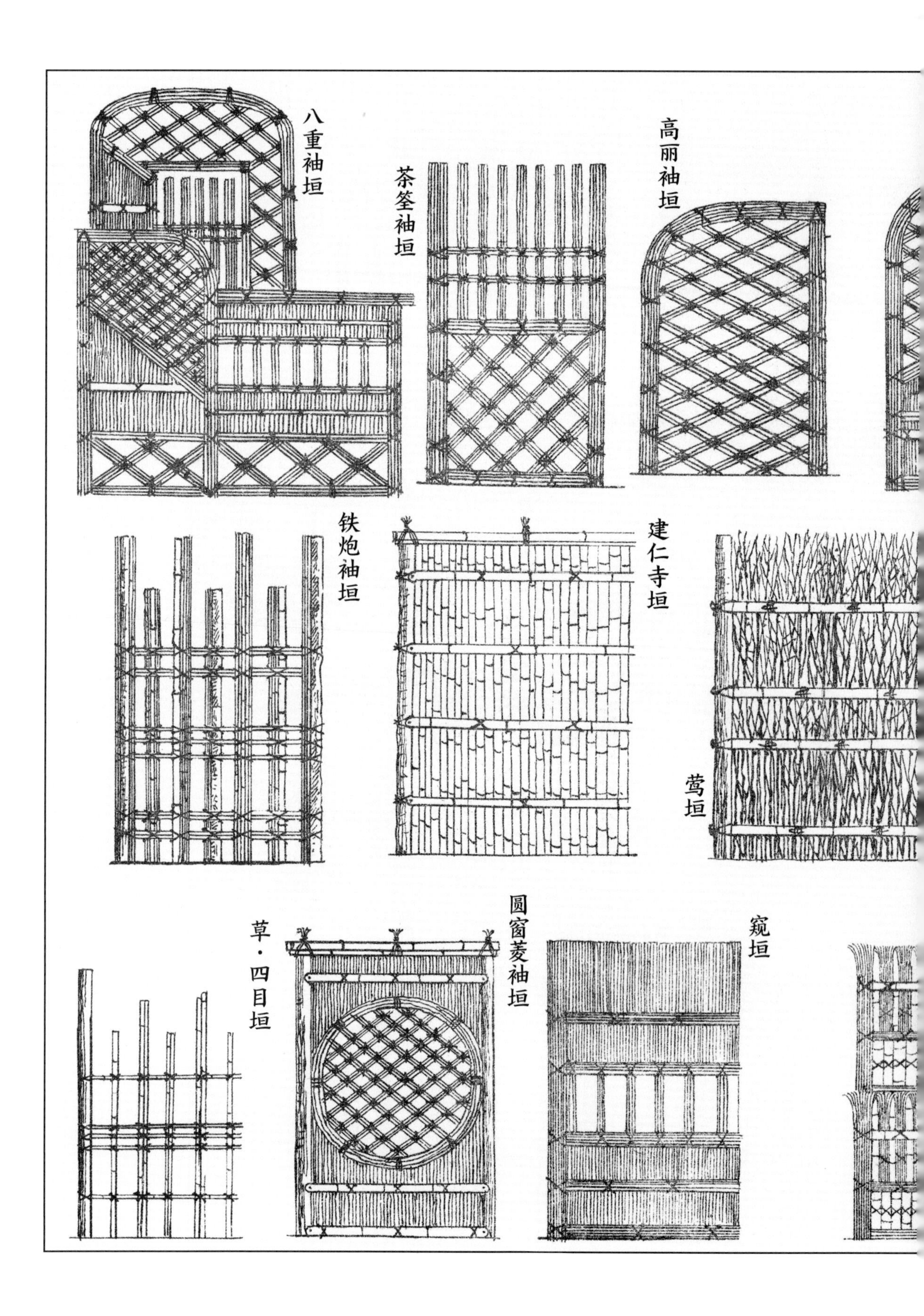
八重袖垣
茶筌袖垣
高丽袖垣
铁炮袖垣
建仁寺垣
莺垣
草·四目垣
圆窗菱袖垣
窥垣

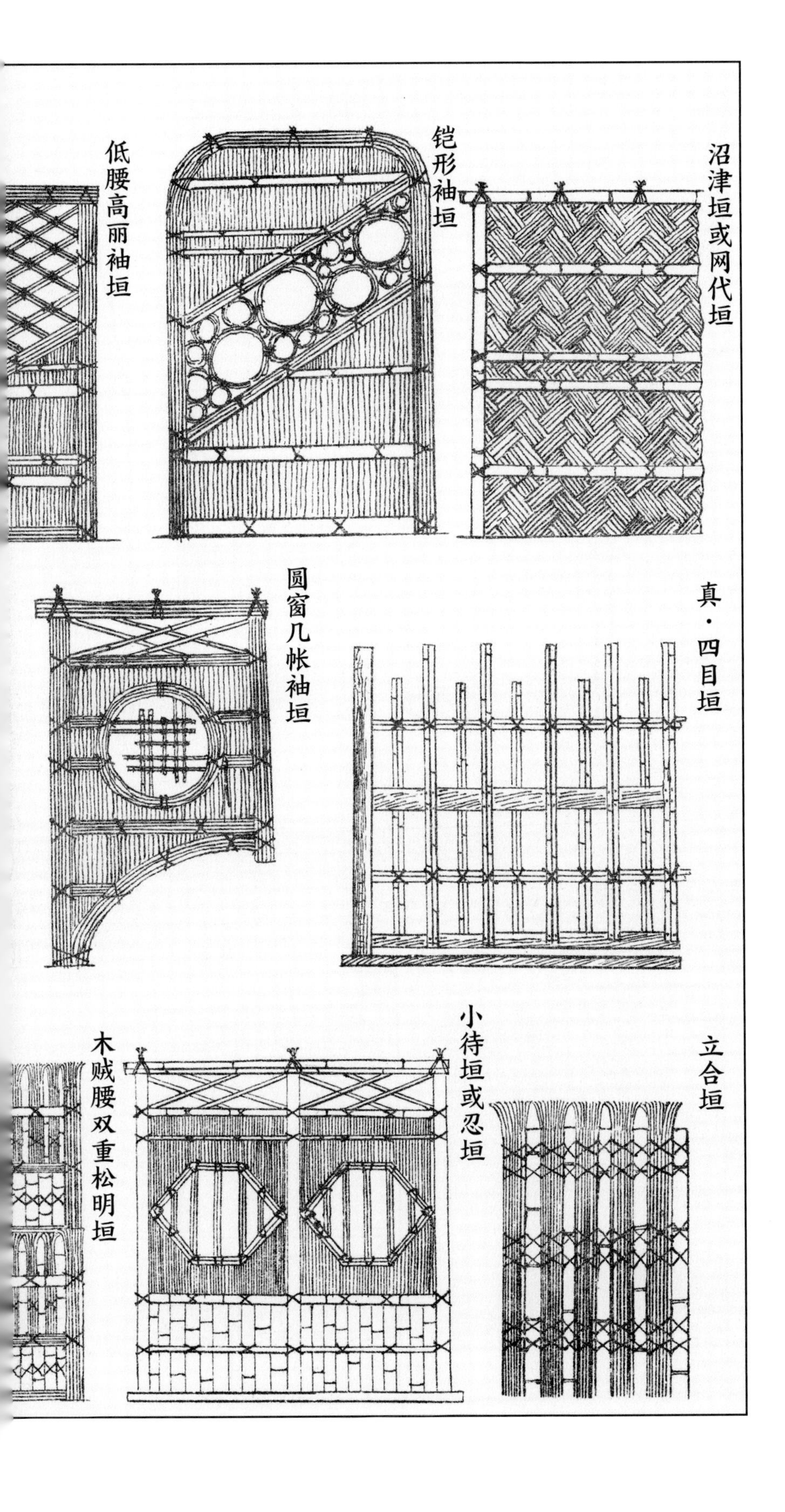

图 37　其他庭园附属物（篱笆）

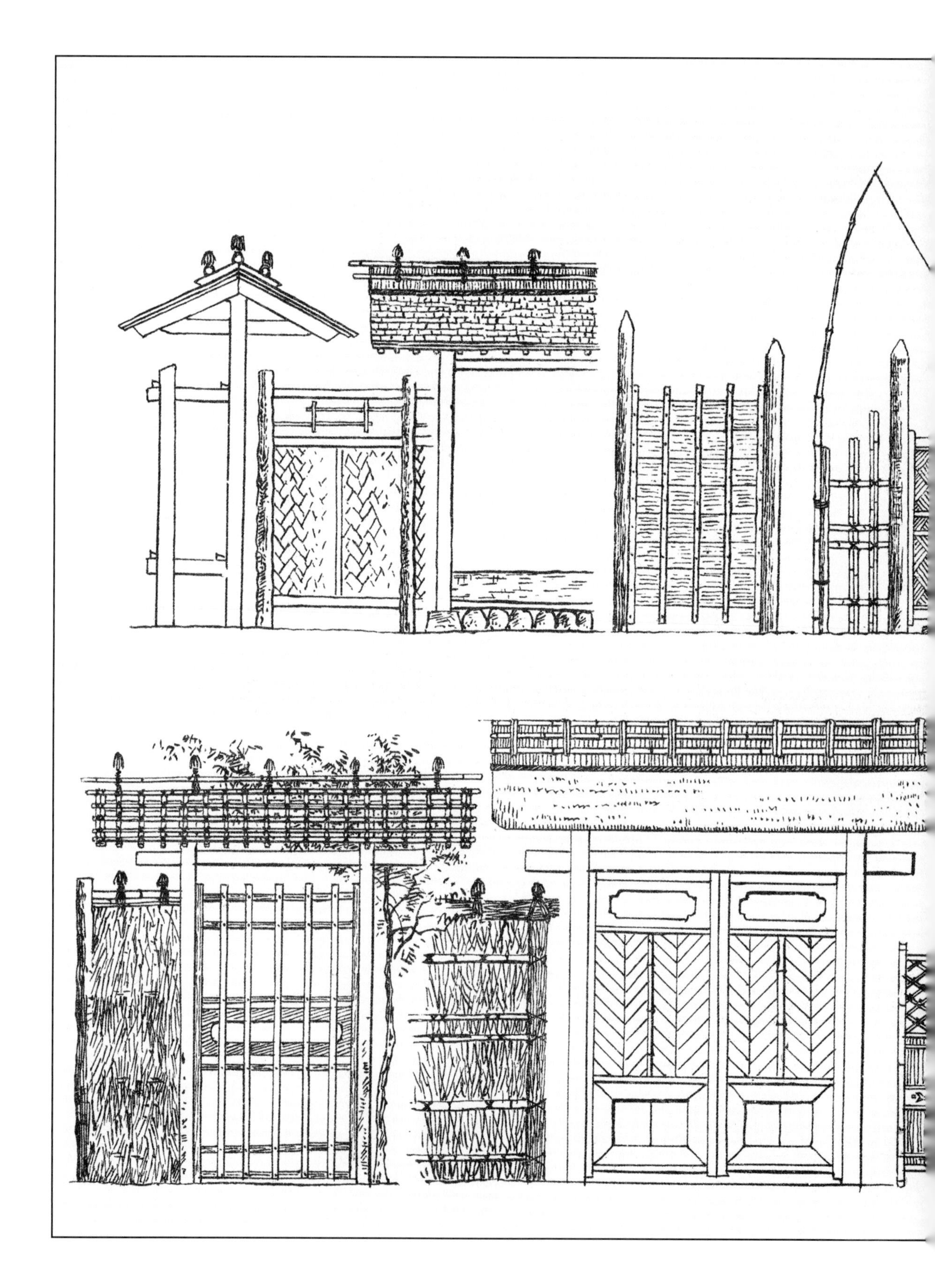

图 38　其他庭园附属物（门扉）

图39　其他庭园附属物（凉亭）

图 40　门前花坛及通道

图 41　门前花坛及通道

图 42　门前花坛及通道

图 43　门前花坛及通道

图 44　门前花坛及通道

图 45　门前花坛及通道

解说

近代史上的《图解庭造法》

本多锦吉郎的《图解庭造法》（1890年版）是用近代观点著述的，是近代日本第一本营造“庭园”的书。

即使到了明治时代中期，社会上常见的庭园建筑书依然是江户时代的复印本，只不过书名变了而已。与这些书相比，《图解庭造法》的特色在于，将始于江户时代的传统庭园营造的思想，进行了近代式的排序、整理和明确的说明。此外，用于解说的插图采用了西洋画的远近法。

这本书出版于明治二十三年（1890），这是日本第一次召开帝国议会，并设立第一部电话的年份。此时明治维新（1868）已经过去20多年，西洋文化不断涌入，新的生活、社会、经济系统逐步确立。而且，随着社会、经济的稳定，新住宅和庭园的需求也在不断增加。正好这个时候，社会上产生了重新审视日本的传统艺术、复兴和风文化的浪潮。其标志是欧内斯特·弗朗西斯科·费诺罗萨（Ernest Francisco Fenollosa）和冈仓天心等人于1887年创立东京美术学校这一事件。在此新旧交替之际，传统的日本庭园建筑，也需要用近代思想诠释。于是以“庭园”为主题，大量采用西洋石印术印刷插图的本书登场了。

作者在书中明确指出本书意在“成为营造庭园的参考书”。这里使用的“庭园”一词从19世纪末才开始在日本普及，在这本书出版的时候还很新颖，可以说是让人感受到近代气息的日语。

本书的初版（1890年版）是由和式装订的正文和插图两本书组成的。之后，1892年第二版出版。在1907年，作为本书底本的修订版也出版了。与初版不同的是，解说和插图合并为西式装订的一本书。书中第一篇《前言》的最后一段话（参照第12页）更加明确了出版的目的，并且在卷尾追加了六张当时新登场的玄关前的“门前花坛及通道”图。1926年，在本多去世后，本书的第三版面世。当时为了悼念他，人们将本多画的一幅全景庭园图附在四开对页的卷首扉页上。由上地天逸修订的《图解日本造庭法》的书名中加入了“日本”一词，该书于昭和十年（1935）在日本出版。这是应当时狂热的国粹主义的时代要求，以赞美“日本庭园艺术”为目的而修订出版的。

关于《图解庭造法》的评价，在本多去世后的昭和时代初期至20世纪30年代就已经出现。以1925年社团法人日本造园学会的设立为代表，20世纪20年代至30年代是对新的造园设计、新的庭园设计进行了各种研究，确立了近代造园学的时期。

“插图富有艺术性。解说明显缺乏新意。当时的庭造书基本上都是以江户时代所写的书籍为标准，所以要求画家的著述有独创性恐怕很难吧，更何况这还是他的副业。就算此书模仿了《筑山庭造传》《石组园生八重垣传》，它也是率先让庭造法在明治初期普及的著作，所以必须承认画家本多功不可没。”（针之谷钟吉，1935年）。针之谷认为虽然本多不过是模仿了江户时代的庭造书，但是对于庭造法的普及做出了巨大的贡献。不过，在本多的解说中，完全没有江户时代之前的庭造书中关于营造庭园的禁忌和迷信的记述。为了给现代园林设计提供素材，本多对江户时代流传下来的传统庭园建筑的思想进行了审查，并总结了其概要，还强调通过制图来设计庭园。这种近代的庭园设计思维，正需要运用以近代的制图法与西洋画法绘制的解说图。

流传海外的《图解庭造法》的插图

现在在本多与庭造相关的书籍中，最有名的应该是明治四十四年（1911）出版的《日本名园图谱》（小柴英出版社，1911年；复刻版，平凡社，1964年）吧。里面附有他亲手绘制的京都名园的水彩画以及实地调查后画的平面图。这本书的目的是“向世界广泛介绍庭造的典范”和“永久保存名园的真实景色”。

右侧

1.“日英博览会”的纪念明信片，上面印有本多设计的庭园（铃木诚收藏），1910年
2.“日英博览会”的照片。从中可以一睹本多庭园的风采（铃木诚收藏），1910年
3.美国建筑师协会对于送来的日本庭园的解说手册和原版庭园幻灯片的感谢信，1900年

1.

2.

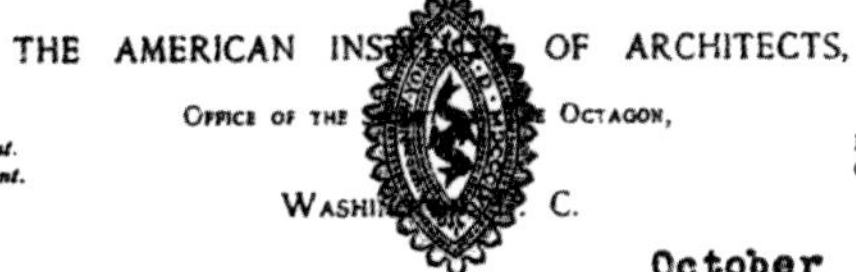

THE AMERICAN INSTITUTE OF ARCHITECTS,

OFFICE OF THE OCTAGON,

WASHINGTON, D. C.

ROBERT S. PEABODY, *President.*
W. S. EAMES, *1st Vice-President.*

FRANK MILES DAY, *2d Vice-President.*
GLENN BROWN, *Secretary and Treasurer*

October 5, 1900.

Mr. K. Honda, Member of

The Horticultural Society,

Tokyo, Japan.

Dear Sir:-

Your article on Japanese Landscape Gardening, to be read at the Convention of the American Institute of Architects is received, and the Committee in charge wish me to express to you their sincere thanks.

Very truly yours,

Glenn Brown

Secretary A.I.A.

3.

事实上，目的与本多相同的英文书，在《图解庭造法》出版三年后问世了。这就是英国建筑师乔赛亚·康德所著的《日本庭园景观》(1893)。这本书用英语解说了传统的日本庭园建筑，并使用了很多插图和照片。它是将日本庭园系统地、详细地介绍给近代世界的第一本书。康德在这本书里使用的传统日本庭园类型的说明图，是《图解庭造法》中的石版画插图。

《图解庭造法》中始于江户时代的传统庭园形式，即筑山、平庭、茶庭及其变形（真、行、草）的插图，在《图解庭造法》初版三年后出版的康德著作中被引用，再次收录书中，并在世界范围内广为传播。

1900年，在康德的著作出版七年后，应美国建筑师协会的委托，这些插图被加工成了幻灯片版本（玻璃幻灯片），并配上本多解说的英文翻译被送到了位于华盛顿哥伦比亚特区的协会本部。这些附有解说的幻灯片，在该协会的年会上得到介绍，第二年作为出版物印刷出版，进入20世纪美国建筑师们的视线。

本多锦吉郎的介绍

本多锦吉郎（1851—1921）是明治时期著名的西洋画家。著作有十几本，大部分都是关于绘画方法、绘画技术的。除了绘画以及与庭园有关的两本书，还著有《茶道要诀——茶室构造法》(1893)、《闲情席珍——茶室图录》(1918)，这些书中也收录了很多关于茶庭和茶室的图片。本书出版时本多39岁，出版庭园相关的著作后，他还亲自设计了庭园。本多在1921年去世之前设计的庭园，从小花园到大规模的庭园、公园，仅统计留下记录的就有50多个。在他设计或翻修的庭园中，为名人修建的庭园有嘉纳治五郎邸、井上馨邸，还有本所横纲[1]的安田善次郎邸。

其中受到很多人赞赏的是由他设计并于1910年在“日英博览会”上展出的日本庭园（乙园，当地名称为水上花园或者浮岛花园，10 758平方米，参照上页图片1和2)。除此之外，他还在美国设计了私人庭园（1906)，在韩国设计了釜山的龙头山公园（1915)，在日本设计了佐世保市的八幡公园（1915)。

最后简略介绍一下本多的生平。本多锦吉郎在幕府末期1851年的江户（今

---

1 东京地名。——译者注

东京）青山的藩邸作为武士之子出生。1863 年，他和家人一起回到艺州藩（今广岛），在那里跟英国人学习了英语、兵法以及西洋画法。1871 年，本多来到东京，在庆应义塾学习，次年作为工部省测量司的见习生学习测量学。1874 年，本多在国泽新九郎的彰技堂塾学习西洋画。1877 年国泽去世后继承了画塾。1889 年，他与浅井忠等六位西洋画家共同主办了明治美术会，与那个时候逐渐兴盛的日本画坛进行对抗。除以画家身份活动外，本多于 1877 年至 1901 年在陆军担任美术教师，于 1904 年至 1908 年在高等师范附属中学执教。

本多的这些经历，即教授西洋画和经营画塾、翻译西洋画指南书、执笔西洋画法教科书、出版茶室和庭园设计的现代图书，以及为当红讽刺杂志做插画画家、进行庭园设计师的工作等，使他度过了充满挑战的一生。也许是因为工作繁忙，本多真正的西洋画作品很少，反倒是作为近代西洋画法、近代庭园设计法的普及者、教育者给人印象更深。

本多的门生中也有画家，但之后大多数活跃在地方的美术教师岗位上。无论是在西洋画还是在庭园上，本多都通过著作与实践，影响并培育了很多人。在这一点上，本多锦吉郎可以说是明治西洋画的一大贡献者，是“明治时期造园界的泰斗”。

东京农业大学教授

铃木诚

参考

◎针之谷钟吉，《本多画师的造园事业》，见《庭园杂记》一书，西园出版社，1938 年

◎本多锦吉郎翁建碑会编，《西洋画先觉本多锦吉郎》，本多锦吉郎翁建碑会出版，1934 年

插图对照表

原日语文本版本	原英语文本版本
图 1（第 38 页）	图 46（第 138 页）
图 2（第 39 页）	图 47（第 139 页）
图 3（第 40 页）	图 48（第 140 页）
图 4（第 42 页）	图 49（第 142 页）
图 5（第 44 页）	图 50（第 144 页）
图 6（第 46 页）	图 51（第 146 页）
图 7（第 48 页）	图 52（第 148 页）
图 8（第 50 页）	图 53（第 150 页）
图 9（第 52 页）	图 54（第 152 页）
图 10（第 54 页）	图 55（第 154 页）
图 11（第 56 页）	图 11（第 56 页）
图 12（第 58 页）	图 12（第 58 页）
图 13（第 60 页）	图 13（第 60 页）
图 14（第 61 页）	图 14（第 61 页）
图 15（第 62 页）	图 15（第 62 页）
图 16（第 63 页）	图 16（第 63 页）
图 17（第 64 页）	图 17（第 64 页）
图 18（第 65 页）	图 18（第 65 页）
图 19（第 66 页）	图 19（第 66 页）
图 20（第 67 页）	图 20（第 67 页）
图 21（第 68 页）	图 21（第 68 页）
图 22（第 69 页）	图 22（第 69 页）

续表

原日语文本版本	原英语文本版本
图 23（第 70 页）	图 56（第 156 页）
图 24（第 72 页）	图 24（第 72 页）
图 25（第 73 页）	图 25（第 73 页）
图 26（第 74 页）	图 57（第 158 页）
图 27（第 76 页）	图 58（第 160 页）
图 28（第 78 页）	图 59（第 162 页）
图 29（第 79 页）	图 60（第 163 页）
图 30（第 80 页）	图 61（第 164 页）
图 31（第 81 页）	图 31（第 81 页）
图 32（第 82 页）	图 32（第 82 页）
图 33（第 83 页）	图 62（第 165 页）
图 34（第 84 页）	图 34（第 84 页）
图 35（第 85 页）	图 35（第 85 页）
图 36（第 86 页）	图 63（第 166 页）
图 37（第 88 页）	图 64（第 168 页）
图 38（第 90 页）	图 38（第 90 页）
图 39（第 92 页）	图 65（第 170 页）
图 40（第 94 页）	
图 41（第 95 页）	
图 42（第 96 页）	
图 43（第 96 页）	
图 44（第 97 页）	
图 45（第 97 页）	

日本庭园景观

LANDSCAPE GARDENING IN JAPAN

致读者

本书将日本庭园的必读书——明治画家本多锦吉郎的《图解庭造法》做了如下编辑：

结构：调整了原著的部分顺序，使脉络更清晰。原英文文本从第 156 页开始，原日文文本从第 3 页开始分别在各卷加入了更现代的解读。

插图：清除了黄渍，调整了色调。利用现代的印刷技术再现了原版石印插图的韵味。

原英文文本：原英文文本节选自乔赛亚・康德根据本多的原著所著的《日本庭园景观》一书。它并非译作，而是乔赛亚的著作，为了便于以英语为母语的读者理解，该书比日文版更加翔实。虽然英文版的插图和原日文文本中的一样，但标注已用英文改写（参照第 104 页“插图对照表”）。

本书的底本

日文文本和插图：本多锦吉郎，《图解庭造法》，团团社，1890 年（《图解庭造法》修订版，六合馆，1907 年）。

英文文本：乔赛亚・康德，《日本庭园景观》，东京博文馆，1893 年。

前言

日本庭园是日本代表性的风景之一，它的景观组合和布局是以最受欢迎的田园风光和风景名胜为范本的，尽管其呈现方式是日本式的。人们对植物的自然生长和分布规律进行了深入的研究，在任何细节上都一丝不苟地模仿大自然的布局。假山、岩石、湖泊、急流河床和庭园的小瀑布，都是从这个国家多姿多彩的自然风景中复制出来的。

对于熟悉日本自然风光的人来说，庭园里修剪得形状怪异的乔木和灌木已经不那么奇特了。但即便了解景观类型，也无法消除日本景观设计师给西方人留下的梦幻般的、不真实的印象。

在这些作品中，就像在旧派画家的绘画作品中一样，没有我们惯于在自然主义艺术中寻找的那种完美现实主义。在日本画家的作品中，传统受到明显的尊重，这一点也突出表现在造园师的作品中。在这两种情况下，自然的再现都不是事实的再现。日本对艺术所施加的限制，要求所有的作品都必须经过仔细的选择和人工修改。正是这种选择的习惯往往会夸大主要特征，尽管可能是无意识的。西方艺术（采用更加全面和低调的方法）的爱好者，无疑会对这些受特异原则规训过的作品感到怪异。反过来，对日本人来说，欧洲艺术家那种微妙的情感化的作品，也同样显得苍白寡淡。

日本人无论高低贵贱，对自然的热爱都是无与伦比的，但他们观察和享受自然的方式是他们特有的。他们这一审美能力是通过传统习俗、艺术和宗教等培养出来的。国民对自然的集体诠释，被内化于艺术文化创造的动机之中，被应用于从最简单的生活制品到最昂贵的工业品的装饰设计上，并不断出现在哪怕阶层最低的民众面前。因此他们熟悉从生活中衍生出来的无数造型和组合。这种传统的表达方式，已经成为观察和判断自然的标准。日本人如同希腊人一样，对女性美有其固有的理想型。同样，对松树、梅树、山、湖和瀑布，也有他们可资对比的衡量标准。

日本庭园景观是这个国家自然风光的一个缩影，它以一种和他们的艺术品类似的局限性，感动着日本人。然而当这些美丽的庭园被移植到风格迥异的国外时，在那些以不同方式诠释自然的人眼里，它们只能被看成一种奇思妙想。

无论日本人的构思是否为大自然的理想艺术表达，在执行上它无疑要受到其美学原则的制约。规模、比例、统一性、平衡、一致性，以及所有能产生艺术的宁静与和谐，在整个设计中都被精心保留下来。

日本人通常把艺术按精细程度分为三个层次：第一个是最粗犷、最简洁的（名为“草”），第二个是完成度最高、细节最到位的（名为“真”），第三个是处于两者之间的（名为“行”）。然而无论这三个层次中的哪一个被运用到艺术作品中，都必须始终如一地遵循，这样就避免了粗犷和精致的处理出现在同一个设计中。虽然这些限制可能显得专断，也有局限性，但它们实际上有利于作品产生和谐感。尽管这些作品存在其他缺陷，但很少缺乏一致性和统一性。

日本的庭园不仅仅是自然风光的简单再现，也是一种诗意的概念。正如另一位作家所说，它表达了“自然的情趣，也是人的情趣”。它旨在具有一种与粗放或者精细的特征有所不同的风格——尽管这种风格部分是由设计的细节来实现的。根据这一理论，庭园的设计应该表达出一种恰到好处，并激发一定的愉悦联想。在某些案例中，它可能是具有怀旧风情的乡村景色；在另一些案例中，也可能是纯粹的抽象情感。

支配艺术的这一美学原则与激发它的伦理道德几乎是分不开的。在日本，是圣人、诗人、哲学家自古以来就是其高超艺术成就的主要支持者和实践者。因此无论是绘画艺术、茶道、花道，还是这里的庭园艺术，都笼罩在一种古雅的哲学氛围中。人们习惯于给那些出于审美的规则和理论赋予哲学意义上的神秘性与神圣性。为了保持艺术的纯洁性，防止艺术堕落、放任自流，人们似乎认为有必要诉诸迷信。那些冒犯文人雅士的品位之物，被认为是不吉利的。破坏审美和谐的设计成为一种禁忌，而其他产生心灵慰藉的艺术作品则被归类为吉利的。

日本早期的哲学认为，宇宙中无生命的物体也具有性别属性，而物质世界的美丽，是由性的神秘混合所创造的。从这些古老观念中衍生出来的理念，被应用到庭园景观的设计中。庭园中的各个组成部分必须在线条、形式、材质和颜色上严格遵循平衡、对比与统一性的准则，运用媒介来构造庭园的各个组成部分。其中的岩石、树木、石头，甚至瀑布，都被赋予了想象的性别，这是因为他们对艺术作品持有一种各部分相互关联的审美观。强壮、挺拔、庄严的外形被归类为男性特征，它与形状相反或拥有女性特征的物体构成配对或平衡。对于不同方位的吉凶信仰，在庭园布局中产生了相当大的影响。因此，制约造园师的，不仅仅是气候因素，还有方位所代表的特殊的玄学功能。流经地面的湖泊和溪流的流向、其进水口和出水口的位置、大门的朝向以及建筑物的布局，都在一定程度上受到这些建立在封建迷信基础上的规则的控制。

图 46（参照第 138 页）展示了山水的基本分布，是庭园类型设计的通用模式。图中的数字代表以下意思：

1. 远山。2. 守护石。3. 近山。4. 侧山。5. 客人岛。6. 主人岛。7. 中岛。8. 拜石。9. 泷口。10. 吹上滨。11. 出水口。12. 平滨。在某种程度上，所有的庭园设计都可追溯到这个从古代流传下来的典范。

图 47（参照第 139 页）代表理想的岩石排列方式，即使在今天，庭园中主要装饰石的分布模式仍是它的改良版。插图包括 48 块岩石，每块岩石上都有佛像或圣人的名字，如阿弥陀佛、观音菩萨、大势至菩萨、虚空藏菩萨、不动明王等[1]。

为了保持风格的纯正，造园师们似乎分外用心。评论家们谴责那种在庭园里过度堆放奇石异树来炫耀财富的倾向，认为这种庸俗的炫耀方式偏离了庭园的真实目的。即让人们在狭窄的空间内能够欣赏到各种各样的自然美景，并从对大自然的真正热爱中获得精神上的升华。庭园的布置应让四季交替为景观做出贡献。它们应该成为供闲暇时间使用的静修地，或者用一位日本评论家的有些奇特的说法来表达庭园是人们睡醒后可以信步的闲庭，而不是用于一时避世的度假胜地。

因此，理想的日本庭园，首先是一个隐居和冥想场所，它应该符合主人的气质、情感和职业。僧侣或诗人的庭园可以用来表现孤高、崇德和自我反省的品格，武士的庭园则应该是大胆的、有战斗力的。其他的情感表达，诸如和平隐退、谦虚、繁荣、长寿和夫妻和睦等，则自古以来形成了它们各自的历史典范。尽管这些理论初看起来荒诞不经，但并非没有实际效用。在大自然多变的情绪——平静、快乐、野蛮或孤独的影响下，个人根据其性情和所属的文化，被唤起灵魂中各种不同的情感。一些传统和历史的联想也有助于传达这样的印象。就像中世纪艺术的象征一样，许多日本装饰物存在本身就有一种道德提示。在园艺艺术中，极乐岛、莲花湖、松树、李树、竹子、龟鹤的形状，甚至古井，都有自己的象征意义，帮助人们传达一些熟悉的情感。

庭园还要服从相邻建筑的线条和布局，这一点不容忽视。然而，它是一个完全不同于西方风格的从属关系，一种更彻底的方式。日本国内建筑的规划据称有两个不同于欧洲建筑的重要细节，即缺乏对称性和紧凑性，不过因此它们也更能与周围自由设计的花园融为一体。人们期望的最理想的住宅外观以及外景决定了整个布局，任何不规则的设计，只要

---

1 英文原文标明了48个具体神仙的名字，但由于本书出版时间较久，有些名称是作者自己音译过来的，所以无从考证。但在实际庭园设计中，使用的并不是这些名字。现将原文摘录如下以供参考：1.Mida Butsu；2.Kwannon；3.Seishi；4.Kokuzo；5.Mio-on-ten；6.Shitsu-bosatsu；7.Ka-bosatsu；8.Bu-bosatsu；9.Fugen-Monju-bosatsu；10.Chikei-bosatsu；11.Taishakuten；12.Waku-Fudo；13.Fugen-bosatsu；14.Waku-Gundari；15.Ki-bosatsu，Yashajin，and Go-bosatsu；16.Kwaten；17.Waku-Dai-itoku；18.Bonden；19.Kwaten；20.Monju；21.Futen；22.Waku-kosanze；23.Kwatsu-bosatsu；24.Ri-bosatsu；25.To-bosatsu；26.Ho-bosatsu；27.Satsu-bosatsu；28.Ju-bosatsu；29.Ga-bosatsu；30.San-bosatsu；31.Go-bosatsu；32.Komoku-den；33.Raset-suten；34.Tamonden；35.Sho-bosatsu；36.Ho-bosatsu；37.Ki-bosatsu；38.Kwa-bosatsu；39.Enten-mon；40.Jiten；41.To-bosatsu；42.Shiten-bosatsu；43.Sho-bosatsu；44.Jishi-bosatsu；45.Ko-bosatsu；46.Saki-bosatsu；47.Isha-bosatsu；48.Jikokuden。

能为重要的房间提供合适的外景，即可成立。人们常常借助灯光和低矮的建筑物，把同一个建筑物分成多个独立的区域，彼此之间由带顶的走廊连接。这种不规则性使得庭园的不同部分，根据其邻近房间的用途和重要程度，在性质上有了相通的变化。在单一和连续的封闭空间中，不允许这种变化过于明显，以免妨害主要特征和整体统一性。然而，在规划开放空间时，必须遵循的重要原则是，建筑物或相邻房间的等级须决定这些物体的造型和特征。

细节丰富、构思精巧的真平庭，适合铺设在贵族的公馆前；大胆简化的草平庭，则适合建在茶室或乡间疗养院中。不但从重要房间向外观看，看到的庭园应是经过精心设计规划的，从其他角度看，庭园也要呈现出赏心悦目的组合。就像模特从前方和侧面看都有美感那样，要创造出一个全方位无死角的庭园，造园师也要从不同角度测试他的材料、组合和呈现的轮廓。这种主要是指从可俯瞰的房间向外看的情况，其次也包括从庭园中重要的石头、桥梁、凉棚和凉亭等角度观看的情况。当然，这些原则在西方园林设计中也绝不会被忽视，但是西方的建筑更加正式和紧凑，因此我们不需要仔细考虑这么多不同的方面。

除了庭园与房屋之间要保持统一、景观完美外，在某种程度上还可以观察到庭园的建筑风格对周边区域的影响。欧洲园林中常见的树木、灌木和花坛整齐划一的几何排列，确实很少被日本庭园接纳，但是某些直线形的物体，比如长方形的毛石板、笔直的花坛、低矮的篱笆，则被引进用到房屋周围。此外，房屋前的石灯笼、手水钵、碑刻等组合，以及大片耙砂或夯实泥土的使用，加上通往檐廊的正式踏脚石的装饰，使这些地方具有传统的规律。日本庭园里众多的人工装饰品并不局限于近景。房屋和景观之间没有明显的区别和急剧的变化。形态各异的灯笼、小型宝塔和神龛，分散在各处。还有各种各样的庭桥、古朴的凉棚和茶室。甚至连农舍及其周围环境也经常被引进大庭园，使某些部分具有特殊的乡村特色。尽管所有这些人工景物都被巧妙地构思和设计过，但是它们看起来就像天然的风景一样自然。

插图解说

图 46 ～ 47

阅读《前言》部分内容（参照第 110 ～ 111 页）。

图 48
筑山庭——真筑山

筑山庭被认为是最完整的庭园设计模式，它们适用于重要建筑物前面的大面积区域。理想的日本庭园必须包含山水景观的组合，用来表示这种自然景观的“山水”一词也适用于最高等级的人造庭园。

筑山庭包含三种风格，即真筑山（*finished*，同真体假山）、行筑山（*intermediary*，同行体假山）、草筑山（*rough*，同草体假山）。书中《插图》部分图 48 展示了一幅真筑山的全景图。为了便于参考，图中绘制了主要的筑山、石组、树丛、瀑布、桥梁和岛屿的位置，这些都是按照规则而建的。1 号山距离较近，是庭园的中心，它是一座相当大的山，并且应该有宽阔的山坡。山麓上可能有一条小径，斜坡上可能有一个小亭子，但在本图中只绘出一条小径。这座山的位置必须在确定了庭园景观的总体分布之后才能确定，因为湖泊入口或瀑布应该就在它的正前方。2 号山被当作 1 号山的附属山，它与 1 号山相邻，山势稍微有点低，重要性仅次于 1 号山。两者之间往往用瀑布和岩石加以区分。3 号山位于 1 号山的对面，靠近其山脚下宽阔的山坡和近景。它旨在代表一座因山坳而与主山分开的低山或野筋。这个山坳应该被一个小村庄、一条道路或者一条小溪占据，而且这里应该种植一些阔叶树木或者灌木，给人一种隐蔽的、有人烟的山谷之感。4 号山是一个小山丘，通常为近景，作为附属山与 2 号山在同一侧。它的山势应该低而圆，并覆盖着有形的石头和灌木，而且不能有任何大山或者远山的特征。5号山位于庭园最偏远的地方，可以从1号山和2号山之间的位置看到。因为它代表着山景中的一座遥远的山峰，所以它的形状应该很陡峭，下方局部被遮住，山上几乎没有任何景物。

这幅全景图展示了10种重要的岩石。1号石通常被称为“守护石”，但有时它代表的是“不动石”或者在顶端的瀑布石下面的“泷副石”。这是一块高耸的石头，占据了远景最中心的位置，被认为是庭园的纪念碑。在这张图中，它形成了——正如它其中的一个名字所暗示的那样——飞瀑旁的悬崖侧面。有时候守护石上粗略地雕刻着瀑布守护神——不动明王的形象，有时它的冠部会放一个小雕像。2号石被当作1号石的伴石，放置在瀑布的另一边。它的位置较低，顶部平坦且稍微拱起以阻拦一部分水流。人们给它起了各种各样的名字，比如“分水石”“波分石”“水受石”。3号石宽阔而平坦，被称为“拜石”（或“礼拜石”），它被放置在近景中，在岛屿中央的一些宽阔地带，与踏脚石相连。必须将拜石与守护石以某种形式引入所有的日本庭园中，因为守护石代表着庭园的主宰者，拜石则是拜谒的位置。从后者处必须清楚地看到前者，虽然守护石占据了远景中最重要的位置，紧邻住宅，但庭园的最佳全景观景处却在拜石那里。4号石被放置在庭园一侧，属于较近的近景。它位置很高，有着平坦的表面和宽阔的底座，被称为“请造石”，是景观中的一个关键点，可以搭配两块以上的宽阔低矮的副石。当被放在客人岛上，它就叫做“迎宾石”，除此之外，有时也叫“客拜石”“脱履石”“夜莺石”“水鸟石”。5号石用在庭园的另一边，与4号石的形状相似，但更像圆锥，尺寸小一点，叫作“控石”，它应该和被称作“水盆石”的低矮石头搭配。两块石头都被放在湖边，根据最高水位精心配置。控石被放置在主人岛上，有时会被命名为如“安居石”“游居石”“座石”来表明它的功能。6号石被称为“月阴石”，占据远景的重要位置，位于两座主要山峰之间的山谷里，在远景山峰的前面。它的名字与它后面的远景山峰一样，隐含着一种模糊而神秘的意味。就像所有垂直的石头一样，月阴石也与一块或多块水平放置的石头搭配组合，但是不允许在它周围种植灌木或增添其他细节，因为这容易使其失去地处偏远的感觉。7号石被称为“庭洞石”，是一块与“守护石”性质相似的立石，而且偶尔会取而代之。在这个案例中，它被竖立在1号石的右后方，在中央的一组树旁边，与一块宽阔平坦的岩石配对。8号石通常被称为“上座石”，也被称为“观音石”。这是一块扁平的石头，是庭园里仅次于“请造石”的重要斜倚石。它与第二重要的小立石配对。9号石被称为“伽蓝石”或“蜗罗石”，它是近景中排名第一的飞石（踏脚石），比其他飞石高，呈阶梯形状。10 号石被称为“游鱼石”。实际上它是由一个石组构成的，其中石头有的宽，有的低，有的略圆。它们被放在靠近水边的阴凉处，处于庭园的中心位置。插图中的其他石头不是很重要，也没有特殊的名称，但它们的组合方式与上述石块相似。

在列举图中标记的主要树木时，必须注意“树木”一词通常用来表示一片或一丛树。1 号树可以被称为“主树”，从日语字面翻译过来是“正真木”，意思是“正气之树”。在本插图中，它表示的是一片树木，种植在瀑布的后面的远景的中心部分。这个位置应该选择一棵形状引人注目的大型松树或橡树，周围还要配上几棵叶子形状不同的树木。2 号树被称为“景养木”，它的重要程度仅次于 1 号树，2 号树与 1 号树应该在外观上形成对比。如图所示，它被种植于庭园的岛屿上，在近景中占据了重要位置。一般来说，它是一棵非常显眼的树，因此它的树干、树枝和树叶形状都很考究，以便与相邻的石灯笼、井围，或者手水钵相协调。粗糙的松树或者一些枝叶稀疏的树木是景养木的首选，以此避免抹杀掉远景的特色。3 号树被称为“寂然木”，它是一棵树或一丛枝叶繁茂的树，种植在庭园远景里的一侧，其目的是给这里的地面遮阴，并赋予一种孤寂的感觉。4 号树被称为“涧障木”，由一组低矮多叶的树木或灌木组成，种植在瀑布的一侧，以遮住部分瀑布。5 号树名为“夕阳木”，种植在西侧的庭园远景里，目的是遮挡透过树叶缝隙洒落下来的落日余晖。为了增加树叶在晚霞中显得风姿多彩的效果，人们习惯在这个位置种植枫树或其他树叶会变红的树木。这里偶尔也会种植樱桃树和李子树等会开花的树木。即使种植常青树，也必须混合种植枫树或其他落叶树。6 号树被称为“见越松”（或“见越木”），人们将这里设想为一片遥远的森林。因此它被种在庭园最远的山丘后面，部分树枝隐藏在视线之外。这棵树的树枝不应被修剪得太仔细，因为刻意的人为处理有损距离产生的美。如果庭园很小，那么见越松可能是一棵位于边界之外的树。见越松一般为松树，但绝非只能种植松树，如果需要，可以用橡树代替。7 号树也称为“流枝松”或者“猿猴松”，后者的名字取自日本画中常见的长臂猿，两个名字都指的是这种树枝杈伸展、蔓延的特征。它通常是一棵单独的常青树，位于近景之中，树枝伸展到湖面或溪流之上，由一根木棍支撑着。杜松有时也被用来代替松树。

图上标明的其他特写景物有：A. 水井，旁边有一棵垂柳；B. 一个雪见灯笼，放置在岛上，靠近 2 号树，这样光线会反射到水中；C. 庭园的后门；D. 通往湖中小岛的木板桥；

E. 木板桥；F. 带有石雕栏杆的石拱桥；G. 有水槽和排水口的枣形手水钵；H. 位于手水钵后面的装饰性石灯笼。近景的飞石指示着从檐廊出来的行走路线，周围是由泥土构成的区域。

图 49
筑山庭——行筑山

接下来将介绍筑山庭——行筑山（半精致）的制作风格。这个设计中只引入了四座山。通过对比，可以辨认出《插图》部分图48中的1、2、3、5号山，但是它们融合成了一座高低起伏的小山丘。远峰、近山和野筋只是从轮廓上呈现出来，石组、树丛和瀑布构成了行筑山与真筑山的相似之处。4号山在近景中占据了一个位置，与真筑山的风格相对应，但是它的尺寸要大一些，在不那么精致的行筑山中，原则上细节会更粗犷大胆。石头1、2、3、4、5、6、7、8、9的位置、名字和功能都与图48中相应的石头相符。但可以看到，5号石——控石已与图48中独立存在的手水钵合并，其他石块的规模也有所扩大。按照同样大胆粗犷的处理方法，在真筑山里，一些没有特殊名称或功能，但为了增添细节必不可少的辅助石，在此会与重要的石头组合在一起，数量大大减少，并被按比例放大尺寸。通过这种方式，它们的重要性可能会提升，以获得特殊的名称。例如，木桥旁边的10号石，被称为“夹桥石”，取代了真筑山里的四五块次要的石头。而被称为“见越石”的11号石，在图48中没有对应的石头。在真筑山里，虽然瀑布底部有许多小岩石，但只有一块被特别命名；而在行筑山中，可以观察到两块大小适中、性质截然相反的石头——一块垂直摆放（12号石），一块水平放置（13号石），它们每一块都与另一块性质相反的岩石相匹配——没有其他次要的岩石。

至于树木，在书中《插图》部分的图49中，对应的树林或树丛有些变成孤树，有些则完全消失了。1号正真木是一棵单独的松树，下面种有矮灌木丛。2号夕阳木由最西边的一些枝叶茂盛的树木来表示。3号寂然木由东边稍大的树丛来表示。4号涧障木变成一棵倾斜的松树，它的枝干部分遮挡了瀑布。图48里的景养木、见越松和流枝松被省略。相对来说，这个庭园里的湖较小，像一个小水湾，但是在它的上游有一条不可或缺的瀑布。半岛取代了湖岛，岛上只架设了一座桥，而不是三座。雪见灯笼在真筑山里被放置在岛上，而在行筑山中，它被置于远景中，与西边的树丛形成一体，并且在它旁边有一块特殊的石头——见越石。另一座位于视野中央的春日形灯笼，比图48的春日形灯笼更大，取代了该图中庭洞石的位置，占据了本例景观的另一面。神龛、手水钵、石灯笼以及其他可以在真筑山庭园里看到的细节都被忽略了。更粗犷的设计风格也影响了围墙的特点，行筑山用简单的竹篱笆和朴素的大门代替了抹灰和有顶的栅栏。

图50
筑山庭——草筑山

在书中《插图》部分图50的草筑山全景图里，细节数量进一步减少，景物比例却有所增大。乍看上去只有几处真筑山的特征可以辨认，但仔细观察和对比后，会发现它们之间仍有某些相似之处。草筑山只有两座小土丘，但是它们的起伏被安排得非常巧妙，使人隐约联想到远近的山脉和前方较低的野筋。装饰石有助于保持草筑山和真筑山之间的略微相似之处。1号石守护石保留了它的垂直特征，但已不再是瀑布岩。它的背后是一棵矮树或灌木，周围有平坦的石头和圆形的灌木丛。它也仍然是远景中的一个关键点。2号石被称为"月阴石"，在最远的土丘上占有一席之地。月阴石与一个平坦的石头搭配，然而，它原本遥远而孤独的寓意已不复存在，因为它成了一个集合的组成部分，这个集合由小灌木、灌木丛、大型石灯笼和流枝松组成。3号石是一块平坦的飞石，也属于同一组合。在2号石的另一侧，显露了真筑山里2号山的一点迹象。

草筑山里规模较大的岩石，偶尔被用来代替小土丘，以协助平衡高地轮廓。除了这种功能，据说3号石还可以代替请造石，后面应该种一些阔叶树木或灌木。4号石是不可或缺的拜石——所有庭园中的主要卧石，被放在小溪边上，在这个简化的庭园设计中，它也作《插图》部分图48下方提到的10号游鱼石使用。5号石在西面，是夕阳石，它与石组和灌木丛进行组合。夕阳石后面有一丛小树占据了夕阳木的位置。6 号石是飞石，位于溪流的东岸，在这里发挥着控石的作用。在草筑山的全景图中，水流变成了小溪，它的源头在守护石及其周围石组的后面，这意味着草筑山在一定程度上保留了瀑布入口的理念。这条溪流上只有一座简单的由圆木构成的桥。近景东侧的手水钵在形状上变得非常粗犷原始，而且这里只加入了一座石灯笼，它构成了庭园的远景。图中飞石的尺寸相对较大而且变得非常重要，并特别设置了 9 号伽蓝石以及 8 号短册石。

图 51
平庭——真平庭

下面要介绍的是平庭（平坦的庭园）的不同案例。这种类型的庭园设计要么表现一个山谷，要么表现一片广阔的荒野。如果是前者，周围应该是参差而茂密的植被；如果是后者，景观应该是裸露而开阔的。平庭常建于人口密集城市中的狭窄区域，或者修在次要建筑物的前面。在京都和大阪的商人家的后院里，可以看到许多平庭。它们显然没有因为内部空间太小或太拘束而不能成为这样一种新颖的艺术庭园。然而，像筑山庭一样，平庭也有三种不同的级别；而平庭，如果是真平庭（真体平庭），就非常适合作为绅士和贵族的广阔庭园的一部分。在主客厅前面修建一个筑山庭，同时也可以再修建一个平庭，面向较不重要的房间。

真平庭详尽的风格特征都在书中《插图》部分图 51 中呈现，在这里可以观察到它的大部分区域是由平整的泥土构成的。1 号守护石占据了远景的中心位置，与 2 号分水石以及其他形状对比鲜明的无名岩石一起，构成了一组意在暗示瀑布口的岩石群。虽然庭园无水，但在“流域”边界设计了一圈圈树桩来表示水的存在，并在其中放置大的白色鹅卵石。3 号石和 4 号石放在“流域”后面，让人联想到筑山庭里的 2 号山和 5 号山。即使在不允许出现山水的庭园中，这些也被认为是每个庭园的基本组成部分，所以总是建议设计这些景观。4 号石除了勾勒出山体轮廓外，还取代了原本的庭洞石。5号石是拜石，在平坦的土地中间占据了一个重要的位置。7号石被称为“中岛石”，这是把庭园中央的广阔区域看作一片湖，而它暗指庭园的岛屿或半岛。只要仔细与《插图》部分的图48对比，就很容易发现两种庭园在配置上有奇妙的相似之处。6号石是请造石，放置在东边的水井附近，周围还有灌木和其他配对的石头。8号石位于西面，是一组岩石中最突出的一块，远景是中等高度的灌木丛。它被称为“月阴石”，与筑山庭中的同名石头相呼应，它位于庭园的边缘，而且被树丛遮住了一部分。9号石是一个与灌木或红叶灌木结合的石组，放置在庭园西面，被称为“夕阳石”，在它后面是这座庭园里唯一的一棵大树，树的名字叫“夕阳木”，应该是一棵叶子能变红的落叶树。1号树因为它的位置而被当作正真木，也作洞障木，在图中只是一棵置于1号石和2号石之间的多叶常绿植物。寂然木由东面的两棵小松树和其他灌木组成，与岩石、植物和见越灯笼构成一个阴凉的群体。庭园其他石头周围分布着圆形的低矮灌木和大叶植物，水生植物被引入远景中任何一处象征着水的地方，诸如井边或者堆叠的“水流”附近。另一棵常青树斜倚在井边，一棵弯曲的松树种植在西边近景中的篱笆后面。这个篱笆与A处的手水钵和B处的石灯笼构成一组，所有这些都紧挨着房子的檐廊。井围成为平庭的一个重要特征，在这幅全景图中它是一个质朴的木框架，位于近景的东面，附近还有一个鹅卵石排水池和一些飞石，井围前面放置了10号石，这是一块粗糙的石头，带有几个台阶，被称为“二神石”。11号踏分石和12号短册石被放置在近景的飞石中。但必须要注意的是，在这幅图中，场地中央保留的开阔空间暗示着筑山庭的湖泊，因此在极近景中，飞石只成组分布在水井和手水钵附近。

图 52
平庭——行平庭

行平庭（行体平庭，参照书中《插图》部分图 52）虽然与筑山庭的真筑山在规模上并没有太大区别，但是在处理上却比这些精致的庭园更加大胆。在真平庭中所展示出来的中心开阔的感觉已经消失。行平庭的庭园中间是 1 号守护石，前面是 2 号上座石，两者伴随着石塔、松树，与一些低矮的灌木和植被组成一体。3 号石是月阴石，它被放置在庭园的偏远地方，与一块扁平的石头搭配。4 号石是拜石。5 号石是一对石头，位于庭园西侧，合称“夕阳石”。6 号石是二神石，与真平庭中二神石的位置基本相同。7 号石为伽蓝石，它和 8 号石短册石构成了飞石的主要特征。飞石西到庭门，东到井边，环绕着庭园的中心部分，其交界处有一个很大的椭圆形台阶，位于檐廊的前面。庭园中央的裸露空间暗指水流，但比图 51 中裸露的范围更小，而拜石则是岛屿的典型特征。图中水井的风格更为原始，它由粗糙的凿石组成，以一棵悬垂的矮松为装饰，傍有水生植物。檐廊附近的手水钵、篱笆和石灯笼的布置与真平庭大同小异，但采用了更大胆、更粗犷的形式。图中另外还有两个石灯笼，一个在东面的远景里，与一些石头和小树丛——3 号树代表“寂然木”组合在一起；另一个石灯笼在西边的竹丛和灌木丛附近，其中 2 号树代表“夕阳木”。高大的 1 号松树在拜石附近，是正真木，4 号树伸展到水井上方，是流枝松。

图 53
平庭——草平庭

在《插图》部分的图 53 里描绘的草平庭（草体平庭）的细节变得越来越少，而景物比例却越来越大，在平坦的土地上实际只有一簇植物或沙漠绿洲。水井、石灯笼、最重要的树木、石头、灌木丛都聚集在一起，剩下的地方装饰着一些飞石、一个手水钵和一条排水沟，还有分别位于东西两边的小石组。1 号石在中央，是守护石，2 号石是拜石和上座石的合体，它们与第三块拱形石头，形成《插图》部分图 56 里的三石组（具体描述见第 156 页）。3 号石稍微偏西一点，是请造石，它与另外两块岩石、一片灌木和一株大叶植物组合在一起。4 号石被称为“二神石”，是东面近景中的一个小群体的主要特征。草平庭的飞石数量更少，更醒目，形状比其他庭园中的飞石更粗糙，而且石头未经雕琢。两棵松树与一丛高大的灌木和低矮的植物与灌木丛，形成了庭园中唯一的植被群，同时也为粗犷的井围提供了阴凉。井围周围有鹅卵石河床、岩石和水生植物。一个巨大的雪见灯笼也是这个植被群的一部分。西面的近景角落里展示的手水钵、下水道、篱笆，暗示着这里是房间檐廊的尽头。庭园周围是最简单的竹篱。

图 54 ～ 55
茶庭

建造茶庭时需要注意如下事项。茶庭一般分为外露地（外露路）和内露地（内露路），中间用带门的粗篱笆隔开（参照《插图》部分图 55）。最外面的围墙包含了正门，离正门较远处通常设有一间小屋，武士阶层原本有在参加仪式前在那里更换衣服的习俗（参照《插图》部分图 54）。图 54 中展示了一间小茶室的庭园，其主要特征可以概括如下：A 为外露地，它包含一间风景如画的露天棚屋，其中有一条高架长凳。露天棚屋被称为“待合”，在茶道中起着重要作用，客人们每隔一段时间就会在待合休息一下，以便为狭小茶室里的新的茶事活动做好准备。有时候待合紧挨着把外露地和内露地分开的篱笆，作为两者共用的入口门廊。在这种情况下，大门成为待合墙上一个较低的开口，参观者必须弯腰通过。由于这个原因，不管形状如何，外露地与内露地之间的入口都被叫作“中潜”这个奇怪的名字。在图 54 中，如 F 所示，它仅仅是一个固定在竹篱笆上的轻木门。外露地中的独立卫生间在图中的 E 处，它与手水钵一起，构成了外露地的一个重要附属设施。有时茶庭的内露地也没有类似的设施。《插图》部分的图 54 中的内露地和主要的建筑物是茶室，位于 G 处，它是一个小小的建筑，面积从 2.5 到 6 个榻榻米不等，茶室后面的某个地方修建了一间贮藏室或者洗涤室，用来清洁和储存茶具。这里应当解释一下，所有的日本老式建筑都是按照覆盖楼层所需的榻榻米的数量来测量面积的。在普通的房间里，这些榻榻米大小约 6 英尺 × 3 英尺（约合 1.83 米 × 0.9 米），但是茶室中的榻榻米通常只有 4.5 英尺 × 2.5 英尺（1.4 米 × 0.8 米）那么小，最小的茶室只有 2.5 个榻榻米大小，因此面积不超过 30 平方英尺（2.8 平方米）。

客人通过一扇茶室前的宽约 2.5 英尺（0.8 米）、高约 2 英尺（0.6 米）的矮门便能从庭园进入茶室。客人们必须弯腰走过，以表示谦卑和尊重。主人则使用另一扇与洗涤室相通的门。以前持剑的贵族阶层，在进入茶室前，习惯于把他们的武器卸下来，放在固定在外墙上的刀挂（H 处）上，刀挂的位置和茶室入口在很大程度上决定了茶庭的飞石和其他附属景观的配置。一个看起来质朴的水井（I 处）形成了这个内露地的一个重要景观，主要的石灯笼、水池、树木和其他植被占据了这里的地面。图中 K 处所示的手水钵，属于茶庭特有的低矮型，也称“蹲踞手水钵”。它位于庭园的角落，毗邻较大的石灯笼。1 号石被称为“前石”，与手水钵相邻，使用手水钵的时候，人就站在前石上面，它也在这里取代了真庭园的拜石。2 号石是汤桶石。3 号石是手烛石。4 号石被称为踏石，用作茶室躏口的台阶。5 号石是刀挂石。

图 11 ～ 22
庭园图范例

在书中《插图》部分的图 11 ～ 22（参照第 56 ～ 69 页）中，我们可以看到前文提到的各种各样的庭园范例。

庭园植物
（见书中所有彩色插图）

在确定了山水的轮廓以及主要的石头之后，需要考虑在庭园中栽种哪些合适的树木、灌木和其他植物。庭园石头的处理虽然重要，但石头只是构成设计的框架，只有以适当的植物装饰，庭园才能达到令人满意的效果。在某些情况下，种植树木或灌木，是为了让其在这些装饰石头的上部悬垂或将之部分遮盖；在其他情况下，它们作为远景，以突出石头优美的形状。日本造园师刻意避免有规则地处理植物。

在与日本寺庙相连的宏伟的林荫大道和山间小径上，树木整齐排列的方式与某些欧洲园林相同；而乡村公路两旁的一排排松树和柳杉，其壮观程度也是西方任何类似地方所难以比拟的。但是在庭园中——日本所有的园艺都属于这个范畴——很少有这种正式的排列组合。当几棵树组合在一起时，它们通常是经过特别挑选的不同树种，以便相互对比；除非有时候设计者的意图是表现一片天然森林或林地。虽然树木的形状和线条的对比是首要关注点，但是树叶的色彩对比也要考虑在内，特别是在灌木和灌木丛的分布上。此外，造园师还故意设计出苍雄遒劲的松树和枝杈舒展的樱桃树或垂柳的组合。有一条规则是，当几棵树一起种在庭园里时，它们绝不应该成排种植，而应该以开放和不规则的方式分布，这样就可以从各种角度观赏这组树木中的大多数。第 124 页的小图展示了树木如何以两棵、三棵或五棵进行排列。如果有相当数量的树木聚集在一起，它们将会被分成不同的序列或者2的倍数、3的倍数、5的倍数棵树木的组合，并且相隔较远。每棵树之间的间隔根据场地的大小和规模而不同，从3～6英尺（0.9～1.83米）不等，在一个非常小的庭园里，只要18英寸（0.46米）就足够了。然而，这条规则并不适用于故意成对种植的树木，如双子树或夫妻树，它们通常种得非常紧密。

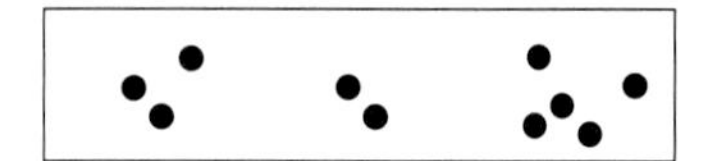

种植树木的方法

相较于远景，著名的造园师千利休更习惯于在近景种植高大的树木，但他的继任者古田织部却采用了完全相反的方法。无论将树木和植物作为添景物多么地令人向往，都不能把它们种在与其自然生长习性不符的地方。生长在山丘或山腰上的植物，如果没有驯化，就不能种在平庭或溪谷里，也不能把在湿地生长的植物转移到高地上。这是一条亘古不变的真理。违反这一真理不仅无法保持植物的生机与活力，还会被谴责庭园设计得不协调和虚假。落叶树木不太适合作为庭园的近景，因为它们在冬天光秃秃的，毫无生气。然而，李树和樱花树却是例外，由于它们开花早，而且公众对它们的评价也很高，所以它们常常被种植在近景中，靠近居住的房间。

给常绿植物剪枝和疏叶在日本很常见，但很少修剪得与植物原本的样子大相径庭。曾有人说日本人具有一种超群的能力——这种能力在中世纪的西方艺术中也有所体现，即抓住自然形态的基本特征，并为了装饰效果而创造一种简化或缩小版的表现形式。

这种处理手法常用于日本的松树，由于其生长得不规则且粗犷，可以辨别出裂开的松针聚集成扇形的方向。这种流行的表现形式常用于装饰家庭用品的常规轮廓。园艺师在修剪园林树木时，也采用类似的方法，对轮廓特征进行某种简化，很少粗暴地制造出与自然不同的形状。观赏性的松树经过这种“外科手术”，被创造出一种公认的美丽形状，这种形状也在模仿造型优美的天然松树。它们的枝条被弯曲、折断，用夹板和绳索将其捆绑，直到它们形成人们想要的奇特形状。

日本的造园师在庭园设计中将树木集中在特定的地点时，很少遵循平均分配的方法。在种植树木的时候，他们铭记着每一组的特殊价值和功能：一组用来表示距离；一组给人营造一种阴凉、孤独的印象；一组用来接收和遮挡落日的余晖；一组用来作为局部的遮蔽物；一组用来反射光线，在水中形成倒影。为树木或树丛选择的主要种植地点是：山谷、河岸、岛岸、山坡、瀑布后面的悬崖和开阔地带。次生植被被种在岩石之间，或在水井和泉水旁，靠近篱笆、石灯笼或手水钵。人们常说，庭园里的乔木和灌木的四分之一都应该是常青树。事实上人们会发现，在大多数日本庭园里，除了少数几棵开花的树木，某些品种的橡树、白蜡树与枫树等因其在春天和秋天展露出如花朵绽放般的色调而受到追捧外，很少种植落叶树。

图 56、图 24 ~ 25
庭园石头

在人造景观中艺术地布石，其秘诀在于，要让它们看起来好像是大自然的力量使然。然而，自然界中的异石，如某些石头奇观，不应该被当作模仿的对象。我们能适应自然界中远古时代的巨大悬石和高耸尖峰带来的威胁，但是这些景观在狭小的地方被人为地再现，观看者就会觉得景观不稳定且危险，这有损于艺术作品的心灵抚慰作用。有一条普遍规则是，不能使用顶部大于底部的石头，虽然你时常会发现违反这条规则的情况，但例外通常情有可原。这条规则是为了令庭园的石头看起来稳定、平和，如果岩石或巨石两侧是悬崖或小山，或其悬垂部分由副石支撑，它将不适用于此规则。在使用不规则的、蜂窝状的火山岩或水蚀岩石时，必须注意选择自然界中常见的形状，以便观察者能够轻松适应它们的奇特外形。

庭园使用的石组有以下五种基本形状：

一种是高大的垂直石头，向中间凸出，呈圆锥形，被称为“体胴石”——最易理解的翻译是“雕像石”，因为其形状与人体相似。

一种是较矮的垂直石头，底部略圆，形成一个不规则的圆锥体，像木兰花蕾，被称为“灵象石”，可以理解为“矮立石”。

一种是低矮宽大、形状不规则的平坦石头，被称为“心体石”或“平石”。它顶部平坦，略高于飞石。

一种是中等高度的石头，顶部宽阔平坦，石头以拱形的方式向一侧弯曲；这就是所谓的

“枝形石”，在这里直译为“拱形石”。

第五种是长长的弯曲的水平状巨石，石头一端比另一端高，有点像横卧的动物躯干，它被称为“寄脚石”或“卧牛石”。

上述五种石头中，雕像石、矮立石和拱形石具有垂直的特性，被称为立石；平石和卧牛石具有水平的特性，被称为卧石（或伏石）。它们以两种、三种和五种不同的石头组合排列，在庭园的不同地方组成一组，辅以树木、灌木、草、手水钵和其他添景物。我们不能假定这些形状是完全准确的，但是我们选择的天然岩石应尽可能接近这些特定的形状。这些石头的基本形态和它们的各种组合形式展示在《插图》部分图 56 中。某些组合形式适用于特定的情况。

雕像石和平石的二石组常用于湖边或溪边，而单独的雕像石和矮立石则放置在树丛附近。

雕像石、矮立石和卧牛石的三石组，往往并置在一个瀑布口或山坡上；矮立石、拱形石和平石组合在一起则置于瀑布的底部；雕像石、矮立石和平石组合放在一个阴凉的地方；雕像石、矮立石和拱形石组合放置在瀑布的入口处，这样可以遮挡一部分瀑布的出口；雕像石、拱形石与平石组合在一起放置在山脚或岛屿上；雕像石、卧牛石和平石一起安置在庭园入口附近（见第 72 ~ 73 页，一些例子展示在图 24 和图 25 中）。

图 57 ~ 58
庭园灯笼

标准型灯笼是所有日本庭园的重要特征。据记载，日本第一个石灯笼是 7 世纪初由入彦皇子，也就是推古天皇的儿子，为保护当地免受强盗的侵扰，竖立在河内国一个孤寂的湖边的。后来它被移到了圣德太子在大和建造的橘寺。不管这个传说是不是真的，总之，在日本石灯笼确实很常见。自古以来，日本就有一种习俗，把石质或青铜质的灯笼送到佛教寺庙，用来装饰宫殿和铺设的道路。所有重要的神殿和陵墓的路旁都有大量的石灯笼——有时多达数千座，这些石灯笼通常都是皇子和贵族从很远的地方带来的献灯。它们的高度从 6 ~ 18 英尺（1.83 ~ 5.49 米）不等，成排分布在铺设石板或碎石的林荫道两边。一些权威人士声称，把石灯笼作为庭园装饰品的历史可以追溯到茶道传入时期。

庭园中的石灯笼单独与岩石、灌木、树木、篱笆和手水钵组合使用。它们在规模和性质上，必须与邻近的建筑物和庭园的规模与精细程度相协调。它们通常被安置在山脚下、岛上、湖边、水井和手水钵旁边。将这种石灯笼引入庭园不是为了照亮地面，而是形成建筑装饰品与自然风光之间的和谐对比。一般它们只是在夜间偶尔被点亮，这样似乎是宁愿让物体产生一种暗淡而神秘的光芒，也不愿让物体清晰可见。为了使光线更模糊，石灯笼附近总是种植多叶的灌木和树木。之所以把石灯笼放在湖边或溪边，是因为它们微红的光可以倒映在水中。

制作灯笼的主要材料是花岗岩或正长岩，这些岩石在日本种类繁多。御影的花岗岩、山城的白川石、近江的木户石，还有一种来自丹波的石头，都被广泛使用。

灯笼的价值因年代而异，那些来自古老的乡村寺庙和山间神社，长时间暴露在大自然中被风吹日晒的灯笼，特别受欢迎。因此人们采用各种方法把新灯笼做旧。通过先用胶状溶液粘上一块块绿苔藓，再用粘鸟胶把腐烂的叶子固定在灯笼上面或者涂上蜗牛泥等做法，新灯笼被做旧；在这之后就是把它们放在阴凉处，保持湿润。通过这些方法石灯笼上便生长出了白色地衣和其他真菌植物。

园林灯笼大致可分为两类，即标准型灯笼和拱腿式灯笼，除此之外，还偶尔使用一些别致的造型。标准型灯笼的原型可以追溯到足利时代，它的名字叫作“春日形”，取自一位神道教神仙的名字，奈良的一座神社里供奉这位神仙。春日形灯笼为高圆柱形，中央有环形节，立于六角形平面的底座和基座上，头部为六角形，上面盖有带蕨手的石帽子，最上面有一个球。石灯笼的头部，工艺上称为“火袋”，呈镂空状，其中两面有方形开口，足以容纳一盏油灯，其余四面分别刻有雄鹿、雌鹿、太阳和月亮的图案。不过底座和火袋也有其他类型的雕刻纹饰。

下面的例子非常接近春日形：

柚木形比春日形更粗糙和简单，柱子上没有环形节，帽子是平顶蘑菇形状，不带蕨手。

二月堂形命名自另一座神社，与春日形不同的是，它的柱体是镂空的，在两个凹陷处形成中央环形节。雕刻也更简单。

白太夫形取自神道教神仙的名字，与春日形的区别仅在于底座和雕刻的细节。这个六边形火袋表面呈现的主题是太阳、月亮、松树、李子树和云彩，这些图案组合在一起表达一些美妙的寓意。它有一个圆柱形的雕刻基座，放在一块粗糙的天然石头上。

宫立形带有矩形模制底座及颈部，支撑着一个方形火袋，上面有突出的金字塔形屋顶，外形酷似日本神社的原始轮廓。通过切割掉头部的两块方形侧面（进一步增加了与春日形的相似性），在边角只留下一根细长的石柱，另外两侧不切割，而是在表面上雕刻纹路。经常看到方形火袋是木头做的、支柱甚至上层屋顶都是石头做的宫立形石灯笼。

远州形是以著名哲学家远州命名的，据说他发明了这款石灯笼。除了其特殊的比例，它有点像普通的春日形。柱体较短，头部和屋顶被拉得特别长，使顶部看起来有点像威尔士高帽，对日本人来说，这让人联想到幸运神福禄寿高高的头颅。这种石灯笼有两种形式，在形状和风格上略有不同。

织部形是以哲学家古田织部的名字命名的，曾用来装饰他的坟墓。它与宫立形相似，有一个神社式样的头部，下方有一个方形火袋，安放在一个没有底座的矩形柱子上，柱子的下边有两个深倒角。柱子的一面雕刻着佛像。

珠光形是一种由前文所述形式稍微简化而来的形式，柱子斜角的较宽部分形成石灯笼的头部，每一面有一个矩形开口。它的顶部呈蘑菇状，上边还有一个球。

道路标识形由一个矩形的石柱组成，石柱的顶部是一个轻微凸起的扁平椎体。这个形状是模仿上面盖着金属盖的普通木质桥梁或门柱。头部下方有一个长方形的灯孔，另一侧刻着铭文。

大佛形以京都的大佛殿命名。它有一个凸起的斜坡屋顶和一个方形火袋，安放在一个非常高的没有底座的矩形石柱上。与其说是普通石灯笼，不如说它看起来更像一个灯柱。

在结束标准型灯笼的话题之前，我们还要介绍一种路灯柱，它比其他灯笼更符合这一类型的特征。它被用于庭园小径或通道上，主要毗邻凉亭和待合，由方形或楔形的木灯笼组成，顶部覆盖木板或茅草，立于高高的柱子上。它很有乡村气息。名字如下：

苫屋形——它的头像一个小茅屋，被放在高柱的托架上。

之前提到的拱腿式灯笼也被称为“雪见灯笼”，在下雪的时候，它们占有重要地位。雪见灯笼的宽度大于高度，总是被一个大伞状的顶或帽子覆盖，形成一个宽阔的表面以接收落雪。日本人把雪景当作年度风景之一，白雪皑皑的庭园总是让人赏心悦目。这些雪见灯笼，大部分被常绿树枝遮蔽，与四周的树叶一起，成为雪后最美丽的风景。

雪见灯笼没有形态标准，只是它们那球形、方形、八角形头部都被拱起的腿支撑着，顶部覆盖着宽大的蘑菇状覆盖物，像农民戴的大斗笠，顶端还有一个芽状的球。

青铜挂灯通常用链子挂在房屋或茶室檐廊的檐下，或置于附近的手水钵上方。它们设计多样，用古老的青铜铸成（参照《插图》部分图 61）。

图 57
庭园石塔

日本庭园中最受欢迎的装饰品是石塔，或称宝塔。它是拥有两重、三重、五重或者更多重独立屋顶的建筑物，在形状上有点类似于中国的大型宝塔，但比例更粗糙。某些石塔每层都有垂直的侧面，这些侧面被切割成尖形开口；还有一些石塔上层仅由一系列一层紧挨着另一层的弯曲塔顶组成。庭园中的石塔，要么如雪见灯笼般用弯曲的石腿支撑，要么固定在地上。塔顶被切割成平凹的斜坡，塔檐突起，偶尔用长长的辊子状的石头装饰塔顶瓦片，石头上附有堆叠的金属环、响铃或宝珠。最常见的石塔形状是从古迹中复制过来的，在许多古老的寺庙和陵墓附近都能看到，就像标准型灯笼一样，这些石塔似乎有宗教渊源。然而在庭园中，它们纯粹是装饰物，在庭园的绿荫中呈现出一番非常独特的景象，向人们传达如何用小景观构筑处自然风景的方法。

在《插图》部分的图 57 中，描绘了几个普通石塔的形式。然而，石塔设计种类繁多，几乎每一个古老的庭园里都展示了一些新奇有趣的石塔。事实上，石塔的形式似乎比其他庭园装饰物的形式更多样和自由。

图 58 ～ 62、图 31 ～ 32、图 34 ～ 35 庭园手水钵

在日本所有的庭园中都能找到手水钵，它一般位于建筑物附近，一起构成庭园的一部分。它是为了给人们提供洗手水，所以被放置在长廊或通往住宅的更私密的檐廊，用长瓢容易够到的地方。手水钵的一侧放置了一个低矮的用竹子或灯芯草编的篱笆，还有一个半隐藏在树木和灌木丛中的石灯笼，它们是手水钵和厕所墙壁之间的屏障，这些设施都需避免污垢、蜘蛛网或昆虫的侵扰。

手水钵需要一定的天然石头来装饰周边环境，这些石头是根据它们与手水钵结合产生的实际功能来命名的。如下所示（参照书中《插图》部分图 59）：

1. 台石——一种天然岩石，它位于手水钵的底部，作为普通手水钵的台座。

2. 镜石——这个名字之前指代一种瀑布石。这里的镜石是一块宽阔平坦的片岩，表面光滑，略呈蓝色，放置在手水钵和檐廊之间，长瓢里的污水就倒在这块石头上，当石头被打湿时，可以倒映出周围的物体。

3. 净化石（或清净石）——一块靠近手水钵的矮立石，需始终保持清洁和湿润。有时也被称为“窥石”，因为越过它，人们可以看到手水钵的顶部。人们一般在檐廊上使用手水钵，离地面有一定的高度。

4. 手汲石——一块扁平的长石，仆人站在上面打水。

5. 水扬石——比手汲石高一些，是给 手水钵添水时站立的地方，它半隐于灌木丛中。

6. 流海石——这个名字取自几个用来掩盖排水孔的大鹅卵石。手水钵下面的排水沟是一条形状不规则的小型浅水沟，要么用水泥砌成，要么用鹅卵石覆盖，有时还用烧焦的木头围建边界。

在《插图》部分的图 58 ～ 62、图 31 ～ 32、图 34 ～ 35 中，可以看到各式各样的手水钵。在房间附近的开放空间内，不允许有高于 3 英尺（0.9 米）的垂直石块，因为它们往往会遮挡风景。

手水钵主要有以下几类：

铜壶形手水钵是一种细长的立方体手水钵，它的侧面有一个奇怪的弧形开口，代表日本火炉的火孔。钵身顶部有一个圆形的凹槽，用来盛水。

圆星宿形手水钵像一个短小的花岗岩圆柱，将顶部中间的凹槽用来盛水，侧面刻有文字。这种手水钵直接放在地上，没有任何支架。

方星宿形手水钵是一块细长的花岗岩石块，顶部同样被挖空，侧面也刻有文字。

石水瓶形手水钵是一种不规则的椭圆形手水钵，有点像普通的石过滤器，它两侧有耳，顶部有一个浅洞。

石水壶形手水钵是普通的椭圆花瓶形状，表面有时刻有铭文。

涌玉形手水钵是一种简单的球形石钵，旁

边粗略地雕刻着圣人或隐士的形象。

铁钵形手水钵几乎与涌玉型手水钵一样，但它的形状更扁平，模仿僧人化缘时使用的金属碗。

四方佛形手水钵是一种椭圆形或瓜状的钵，上面雕刻着四个佛像。这种钵应该配有一个底座。

难波寺形手水钵前后两面呈八角形，垂直放置，其中有一面刻有“难波寺”的字样，难波寺是大阪附近的一座寺庙。难波寺形手水钵宽度很窄，顶部有一个八角形的凹槽用来盛水。

袈裟形手水钵是一种顶部凹陷的椭圆形钵，钵底比顶部宽一点，雕刻着代表袈裟的几何图案。这种钵应该有一个底座。

严海形手水钵由细长的拱形花岗岩制成，它模仿日本弯曲的石桥，顶部挖空成碗状，名字源于日本西海岸的严海海峡。

司马温公形手水钵也叫“腐松钵”，它的形状既像一个破罐子，又有点像一棵腐烂的空心树桩。司马温公（即司马光）是一位学识渊博的人，在童年时期就智慧过人，曾打破一个大水缸，救出了掉进水里的玩伴。

富士形手水钵也是一种低矮的手水钵，呈富士山的形状，顶部被挖空，形成一个蓄水坑。

鲛鱇形手水钵是一种形状不规则的低钵，形态类似鲛鱇鱼。

笕水形手水钵（参照书中《插图》部分的图 62）仿若一块宽边的石头或一口陶制的锅或盆。它被放置在石头或木柱子上，用竹质的沟渠将流水引到上面，因此保持着钵水满溢的状态。支柱底座周围布置有观赏石和排水沟。

除上述手水钵外，庭园中还经常使用青铜盆——有的为花瓶形，有的为弓形，有的为带小水龙头和青铜盖的瓮式。它们通常被放置在高高的石头上。

图 63
庭桥

庭园中有很多种庭桥可以跨越溪流，到达湖中的岛屿。它们有些是石桥，有些是木桥，还有一些是用小圆木搭建、覆盖着泥土的土桥。石桥通常由单块粗糙的片岩构成，更常见的是由一块上好的略呈拱形的花岗岩构成。而在跨度非常大的地方，可以使用两块相同的石板，重叠在溪流中央，用一个像支架一样的建筑物支撑着。

在重要庭园中架设的精美石桥由几个石拱组成，中间由花岗岩石桩支撑，上面有模制或雕刻的护栏和柱子。装配方式有木工的特点，而且经常使用榫头和榫眼，甚至连巨大的石桩和栏杆柱都像木头一样被雕刻出一致的花纹。一些庭园里还有拱桥，尤其是小石川后乐园。这种特殊的形状源于中国，据说象征满月，因为半圆形的拱形结合下面溪流的倒影成为一个完整的圆。拱桥的路面极度弯曲，几乎与其外形一致，因此桥面必须修筑台阶。

从一块木板到精心建造的类似国家工程桥梁的复杂结构，木桥的设计多种多样。一种用于横跨鸢尾花沼泽地的形状奇特的木桥，由一块块宽木板按之字形排列而成，用短木桩或篱笆桩固定在泥里。这就是所谓的八木桥。将它设计为蜿蜒曲折的形状是为了让人们在种有水生植物的花田里徜徉。日本人对庭桥的构想，无论如何都不是一条直接穿过一片湿地的快捷通道。对美丽风景的喜爱——在一片广阔水域上方徘徊，享受凉爽的微风，欣赏金鱼在溪流中嬉戏——促使他们对曲折逶迤的建筑的偏爱。即使是最简单的石板桥，也是先将一块石板搭到溪流中间的岩石上，然后再从岩石向完全不同的方向架设另一块石板。一些精致的木质庭桥，是人们为了在跨越湖面时能有几个直角转弯而建造的，每个转弯处都形成一个角落或凹室以供游玩。人们常用这种建筑来引导紫藤的藤蔓攀缘。在初夏时节，庭桥便成为一个绚丽多姿的花棚，在东京的滨离宫庭园里可以看到这种设计。其他木桥则用横向铺设的木板建造，并以拱形横梁支撑，横梁上有一个中央支架固定在河床上。在这种长结构中，如果无法在河底建造中间支撑，弯曲的支架则由两岸搭建的木托架加固。栏杆桥就是用这种方式建造的。

还有种庭桥叫作“土桥”，它们是由一捆捆铺在木架上的木柴或小圆木组成的，上面覆盖着大约 6 英寸（15.24 厘米）厚的土和砾石；两边都铺着一条用竹子和绳子捆扎的草皮，以防松散的泥土脱落。这种桥没有扶手。

图 64、图 38
庭园围墙

日本庭园被围墙、竹篱或者树篱包围。围墙可以保护财产，属于建筑师的知识领域，而不是造园师。如果庭园靠近外部边界线，却没有铺着沙砾的地面和石砌小路，那么外墙的风格和它的入口受庭园风格的影响更少。旧宫殿周围的墙壁是由黏土和砖瓦砌成的厚墙，墙上整齐地用灰泥抹面，并用结实的木框架围起来，有一个精致的木托架飞檐和装饰着瓦片的屋顶。围墙每隔一段就被漂亮的有顶门廊截断，它们外表华丽醒目，我们可以在皇宫和京都东本愿寺里看到这种围墙。

普通泥瓦墙没有木质框架，墙顶有一个小型的瓦片屋顶，它经常被用来围护一些不太重要的地方。在有栖川宫旧邸周围，以及东京皇宫的某些地方可以看到。

砖石围墙是现代引进的。日本人从来不习惯在庭园中将实心墙作为栽培墙果或攀缘植物的方法，墙果在日本尚不为人知，蔓生植物生长在轻型的棚架和露天篱笆上。

门扉

庭园围墙设有各种入口。人们认为，即使是最小的庭园也必须有两道门——一道是主门，另一道是后门，后者被称为“扫除口”，因为庭园里的垃圾和废弃物从这里扫出去。后门通常是最简单的木门或竹门，但它的位置非常重要。庭园门扉的形式随着它所处的围墙的种类而变化。大型庭园的外墙设有漂亮的门楼，其中包括一个门房、一个双开门和一个行人用的小门。然而这种精心设计的门有点超出了庭园门扉的范畴。普通的庭园门扉用木板或竹篱笆围合而成。它们包含两根垂直的柱子，柱子之间有一根低于柱子顶端的横木架。柱子顶端下方偶尔会添加一块额外的横木或过梁，使建筑变得典雅。粗犷或精致的庭园风格决定了这些门扉的木材应该是方正、平整并加上金属盖子，还是保持圆形、粗糙的特征；在某些情况下，甚至会采用烧焦或虫蛀的木材。两条过梁之间还放置了一些看起来很古老的刻有铭文的木板。这些文字可能是对庭园风格的简短描述，例如“玉川庭”，意思是“拥有宝石般河流的庭园”，或者它们只是用以传达一种与其特征相符的强烈情感。这些门扉是用轻质门框建造的，门框用木板固定，并配有尖头镶板、镂空雕刻或格子花纹。有些门扉是用铁框架制成的，还有些门扉像普通城市住宅的大门一样，可以滑动开启。

有顶的门有点像英国教堂公墓前的门，很常见。它的边柱上有横木和拱，拱被茅草、木板或木瓦覆盖，形成一个尖屋顶。有些门被装饰得很奇特，人们用深红色的绳子把竹竿捆成厚厚的一捆，做成隆起的屋脊。人们通过在内侧添加木扶壁来加固这些门扉的柱子。有时候屋顶只是一个倾斜的棚架，上面缠绕着攀缘植物。这些门的横木上镶嵌着装饰性木板，上面刻有铭文。一个大型庭园的一部分通常会被一道小型带顶盖的篱笆分隔开来。

在门扉旁种植一棵松树或一些姿态优美的树木很常见，这样一来，树木的树枝就可能伸出门外。

茶庭内部的篱笆常是奇形怪状的轻便小门。其中一种被称为“西明寺竹门”（枝折户）或“西明寺吊门”。它呈矩形，四角有弧度，宽约 2.5 英尺（0.8 米），由轻质竹枝交叉编制而成。这种篱笆应该模仿了最原始的日本居民使用的门。

一种有竹质框架的叫作“纲代”的藤制门也很常见。它宽约 2 英尺（0.6 米）、高约 3.5 英尺（1.07 米）。这类门扉发展为几乎不能提供任何防护的轻巧的装饰性附属物。在茶庭里，人们喜欢用风化、虫蛀过的木材作为大门的木板，偶尔也会用到部分生锈的销钉和有完整钉孔的旧船板。各种门扉参考《插图》部分的图 38。

各式篱笆

· 竹篱笆

在日本庭园中，无缝竹篱笆是很常见的。这种竹篱笆叫作“建仁寺垣”，名字来源于一座著名的寺庙，它们由紧密排列的新鲜竹条制成，竹条垂直且重叠放置，以展现它们正反两面的绿色表面。

“纲代”是竹篱笆的一种。它由细枝条对角交织而成，形成一种藤条纹路，并用押条和粗竹边加固，绑在门框上。

· 有缝竹篱笆

下面要提到的有缝竹篱笆，被称为“四目垣”，一般用攀缘植物装饰，包括牵牛花、野玫瑰、百香花，有时还包括紫藤。它由形状随意的木桩组成（地基可有可无），其中间隔放置垂直和水平的细竹条；这些竹条用绳子捆绑在一起，形成一连串的棋盘格图案。竹棂由单根或双根竹条组成，长短不同，有时排列有规律，有时没有任何明显的规律。为了加固竹篱笆，有时会将一根扁平的横木横穿其中，竹条被交替排列在它的两边，所有竹条用染色绳固定。

· 栅栏

栅栏被日本人称为“袖垣”。它是一种低矮的篱笆，有助于隐藏庭园中的一些物体，但主要是为了装饰。它们被安置在房屋的檐廊附近，或在手水钵的旁边——通常有一边靠近墙壁或檐廊柱子。它们宽约 3 ~ 4 英尺（0.9 ~ 1.2 米）、高约 5 ~ 7 英尺（1.5 ~ 2.1 米）。栅栏的形状有时呈长方形，有时顶部一角或两角呈弧形，有时形状不规则。它的设计种类众多，并有许多奇怪的名字，如“铁炮袖垣”，用粗壮的竹竿制成，像管风琴的琴管一样，长短交替排列。有时也用其他材料，如烧焦的细木杆，以及捆在一起的芦苇或嫩枝，先将它们与竹竿绑在一起，然后跟竹条绑在一起，系上染色的绳子。

窥垣是一种约 6 英尺（1.83 米）高的篱笆，由芦苇或胡枝子的树枝构成，中间有一条长长的开口。

圆窗几帐袖垣因其顶部的形状与日本人在更衣室或卧室中所使用的装饰性帷幔相似而得名。篱笆下方呈拱形，留下一个四分之一圆的开口，中间有一个很大的圆形孔洞，用竹条装饰。它是用水芦苇和紫藤茎缠绕而成的，高约 5 英尺（1.5 米）、宽约 2 英尺（0.6 米）。

茶筌袖垣这种篱笆的名字源于其标准的茶筌（茶筅）形顶部，它由一捆捆的芦苇或小树枝用绳子或紫藤茎系在一起组成。下半部分是栅格结构。

八重袖垣为双边框设计，看起来好像一个篱笆重叠在另一个上面。底部呈不规则的阶梯形，顶部呈弧形，内部设计复杂。

高丽袖垣是一种约 5 英尺（1.5 米）高、3.5 英尺（1.07 米）宽的篱笆，顶部一角呈弧形，由排列成菱形格子的芦苇构成，并用同样的材料制成厚卷边。

低腰高丽袖垣与高丽袖垣相似，但较矮。在《插图》部分图 59 中，它与手水钵和石灯笼搭配在一起。

铠形袖垣名字源于其中间的那条斜带，它由许多紫藤卷须制成的环状物组成，有点像锁子甲。篱笆的顶部呈拱形，由垂直的树枝或芦苇组成，边缘有一个厚重的卷边，并用结实的竹子和横木钉牢。

莺垣因其质朴的特点而得名。这是一个粗糙的篱笆，由不规则的冬青树枝垂直排列而成，树枝的顶部未修剪，用绑在竹竿边上的平行横木固定。这是茶庭中最受欢迎的设计，既用作短栅栏，又用作连续栅栏。

小待垣 / 小町垣也被称为“忍垣”，这是一种约 7 英尺（2.1 米）高、4 英尺（1.2 米）宽的篱笆，在设计上类似于某些城市建筑物前的穿孔墙。中间部分是六角形的芦苇格窗，底部是竹片，顶部有木帽片和格子架。小町一般指小野小町，她是一位绝色美女，这个名字所传达的意思是这里是适合恋人休息的地方。

木贼腰双重松明垣是先将细长的树枝捆绑成火把形，再和竹条合并在一起的篱笆，看起来像是分两段制造的。它高约 7 英尺（2.1 米）、宽约 3 英尺（0.9 米），仅用于大型庭园。

圆窗菱袖垣是用细树枝和竹条编成的低矮的方形篱笆，里面有一个带菱格纹的圆洞。

上述篱笆有上百种图纸存在，只是设计和材料略有不同。由于这些篱笆的形状不必像其他许多庭园附属物那样严格制作，因此造园师在处理它们时更自由；但在规模和精致程度上，要始终牢记与周围环境的适应性，图纸给出的尺寸不是绝对的，而是相对的。篱笆在设计和施工上的薄厚，很大程度上取决于庭园的风格和特点。

图 65
庭园凉亭

大型日式庭园总是有一个或多个建在高处的凉亭，以便一览庭园的迷人景色，或者眺望外边的美景。从最简单的，只为几个可以移动的座位遮阴的开放式凉亭，到带有垫高的地板和门窗的精致微型房屋，凉亭结构形式多样。后者与专门用来举行茶道仪式的建筑融为一体。

最简单的凉亭中央有一根柱子，上面顶着一个方形或圆形的宽大屋顶，后者的形状特别像一把大伞。从下面看，这个屋顶整齐地排列着椽子、木板和拱；外部覆盖着木瓦或茅草。中间的柱子是固定在土里的原木。可移动的座椅是摆放在草地上的瓷盆或块状的木头。另一种类型是四柱式凉亭，上面有雕刻的吊挂过梁、斗拱，以及带有厚重的屋脊和脊饰的弧形瓦片屋顶，整个凉亭是仿照寺庙而建的。一般用陶瓦或石头铺地，立柱由小石基支撑。

其他开放式结构的凉亭呈现出更加质朴的特征，有茅草屋顶和精致的拱形天花板，其中一些凉亭的侧面围起了低矮的栏杆或镶板，成为亭内固定长凳的靠背。

还有六角形和八角形的凉亭，凉亭顶端有尖角，下面有栏杆装饰，显示出中式风格。里面的座椅布局一般是不规则的，在大多数情况下要避免对称分布。

在《插图》部分的图 65 中有更多的凉亭案例。

插图

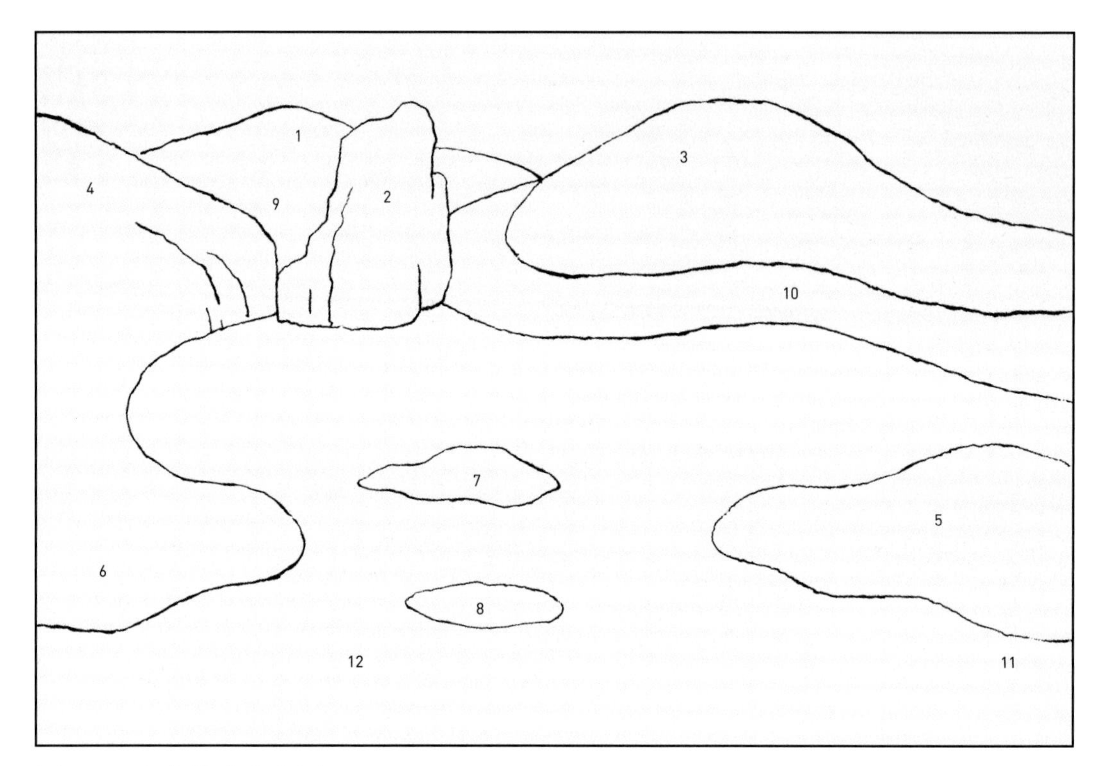

图 46　山水基本分布图

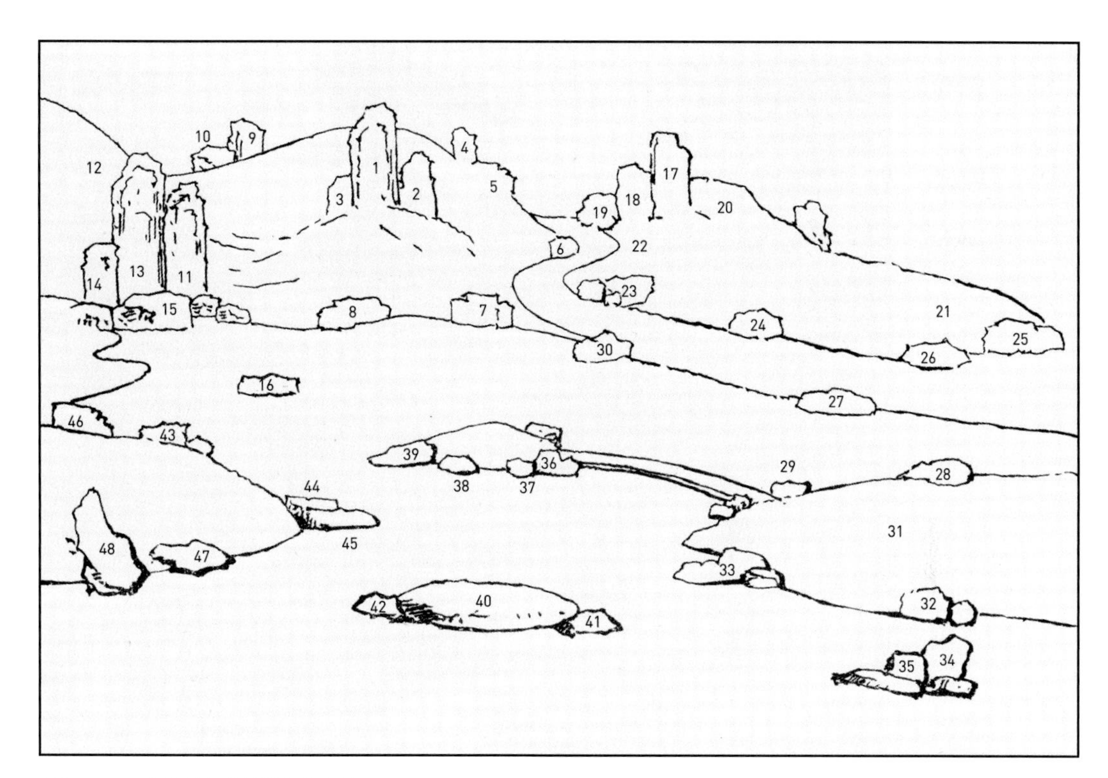

图 47　庭石的理想布局图

1号山
近山
2号山
侧山
3号山
野筋
4号山
山丘
5号山
远山
1号石
守护石
2号石
分水石
3号石
拜石
4号石
请造石
5号石
控石
6号石
月阴石
7号石
庭洞石
8号石
上座石
9号石
伽蓝石
10号石
游鱼石
6号树
2号山
5号山
6号石
1号树
I
4号树
1号石
3号树
F
4号山
5号石
H
G
2号石
7号石

图48　筑山庭——真筑山

1号树
正真木

2号树
景养木

3号树
寂然木

4号树
涧障木

5号树
夕阳木

6号树
见越松

7号树
流枝松

A
水井

B
雪见灯笼

C
庭园后门

D
木板桥

E
木板桥

F
石拱桥

G
手水钵

H
石灯笼

I
神龛

1 号山
近山

2 号山
侧山

3 号山
野筋

4 号山
山丘

5 号山
远山

1 号树
正真木

2 号树
夕阳木

3 号树
寂然木

4 号树
涧障木

A
春日形灯笼

B
雪见灯笼

C
木板桥

图 49 筑山庭——行筑山

1号石
守护石

2号石
分水石

3号石
拜石

4号石
请造石

5号石
控石
（用作手水钵）

6号石
月阴石

7号石
庭洞石

8号石
上座石

9号石
伽蓝石

10号石
夹桥石

11号石
见越石

12、13号石
水落石

1号石
守护石
2号石
月阴石
3号石
山丘石
4号石
拜石
5号石
夕阳石
6号石
控石
7号石
上座石
8号石
短册石
9号石
伽蓝石
3号树
1号树
C
3号石
D
6号石
A
8号石
2号石
9号石
4号石

图50　筑山庭——草筑山

1号树
正真木

2号树
夕阳木

3号树
寂然木

A
手水钵

B
圆木桥

C
石灯笼

D
竹篱

1 号石
守护石

2 号石
分水石

3 号石
山丘石

4 号石
远山石

5 号石
拜石

6 号石
请造石

7 号石
中岛石

8 号石
月阴石

9 号石
夕阳石

10 号石
二神石

11 号石
踏分石

12 号石
短册石

图 51　平庭——真平庭

1号树
正真木

2号树
夕阳木

3号树
寂然木

A
手水钵

B
石灯笼

C
井围

D
见越灯笼

E
排水池

1号石
守护石
2号石
上座石
3号石
月阴石
4号石
拜石
5号石
夕阳石
6号石
二神石
7号石
伽蓝石
8号石
短册石
3号树
1号树
4号树
B
4号石
8号石
6号石
A
2号石

图 52　平庭——行平庭

1号树
正真木

2号树
夕阳木

3号树
寂然木

4号树
流枝松

A
石塔

B
水井

C
手水钵

D
石灯笼

E
庭门

1号石
守护石

2号石
拜石

3号石
请造石

4号石
二神石

图53　平庭——草平庭

A
雪见灯笼

B
手水钵

C
庭门

D
井围

2号石

图54　茶庭

I

1号石
前石

2号石
汤桶石

3号石
手烛石

4号石
踏石

5号石
刀挂石

外露地

内露地

图 55　茶庭

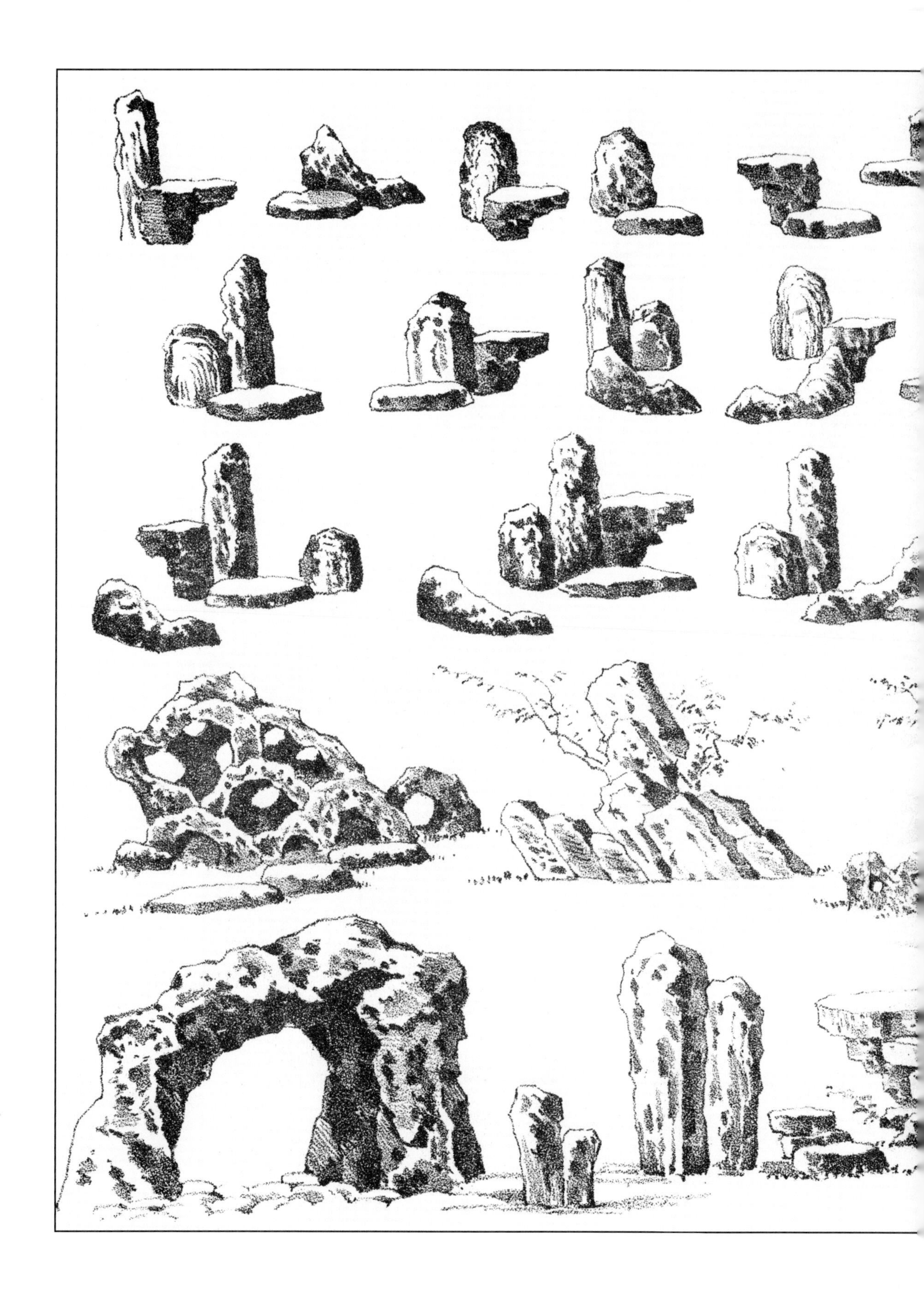

图 56　石组

1 号石
矮立石

2 号石
雕像石

3 号石
平石

4 号石
拱形石

5 号石
卧牛石

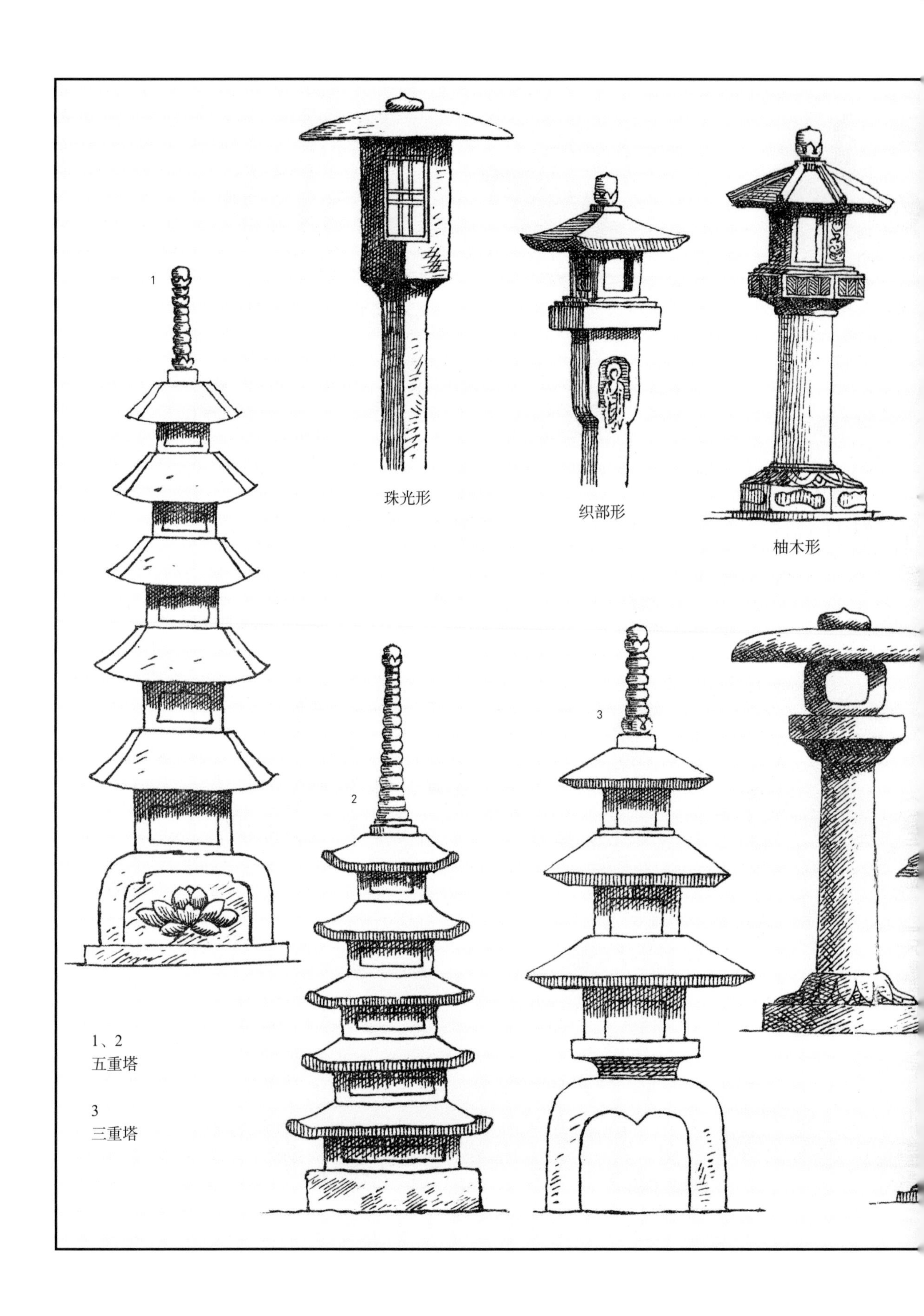

1、2
五重塔

3
三重塔

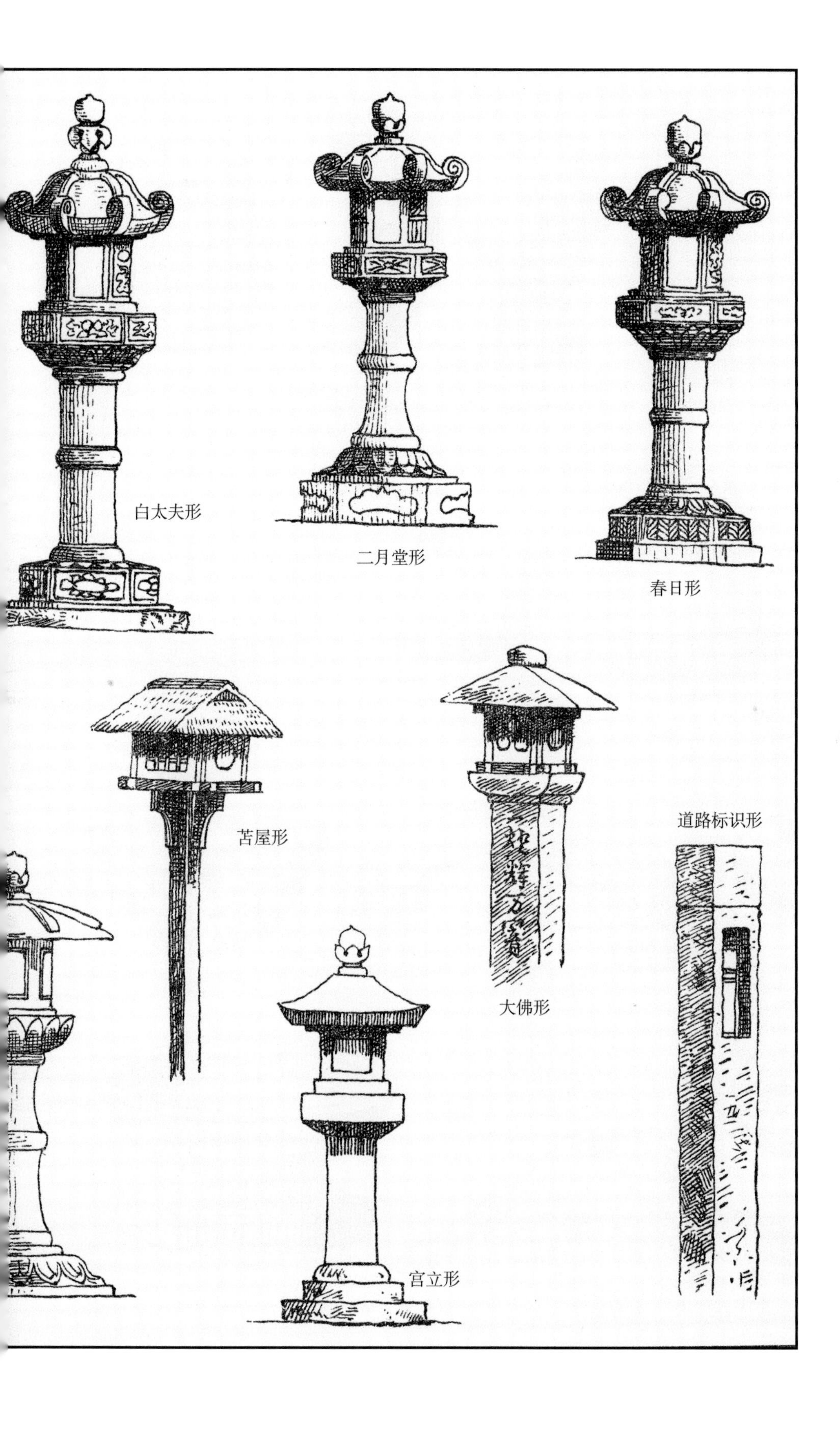

图 57 庭园灯笼和石塔

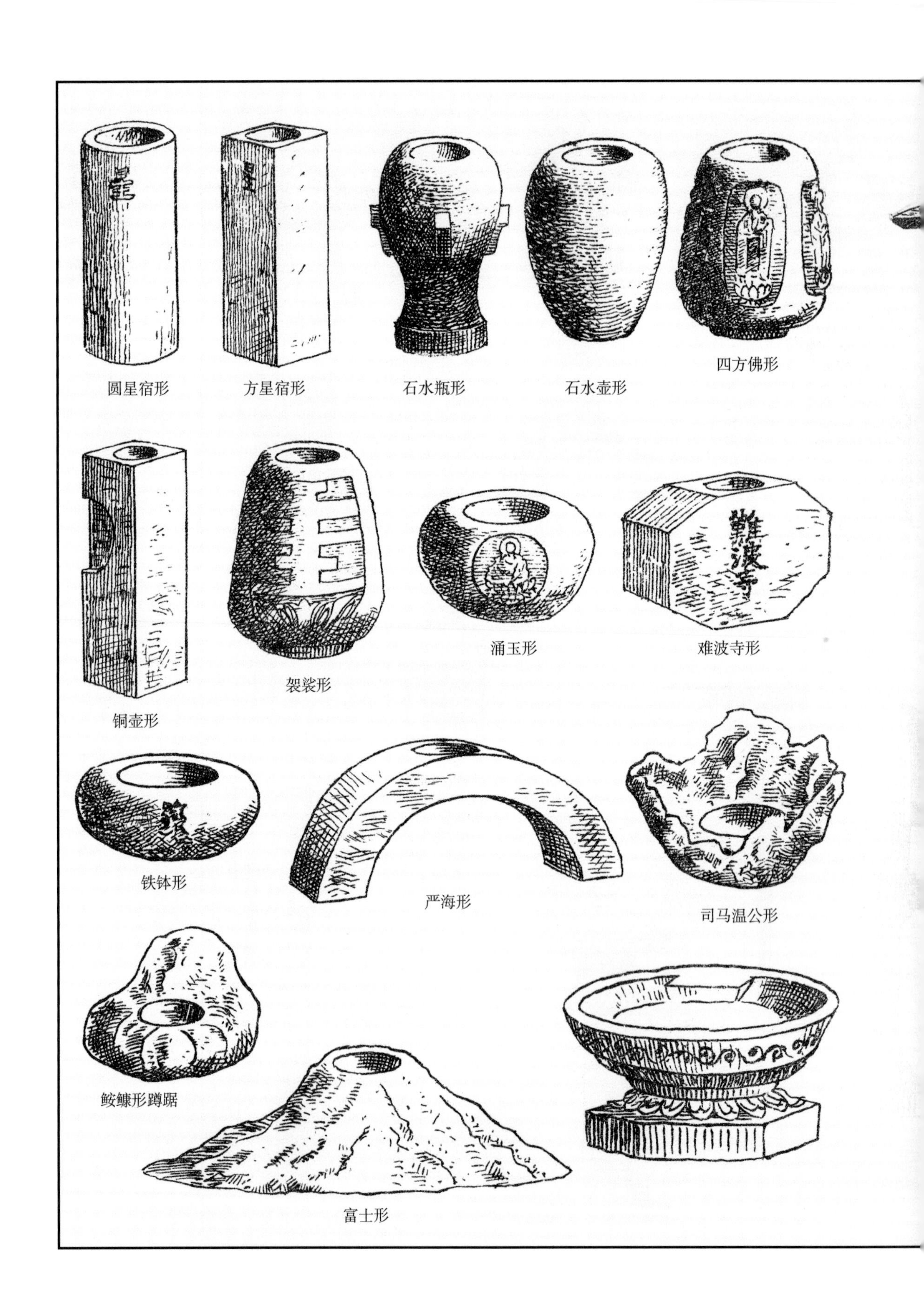
圆星宿形
方星宿形
石水瓶形
石水壶形
四方佛形
铜壶形
袈裟形
涌玉形
难波寺形
铁钵形
严海形
司马温公形
鲛鱇形蹲踞
富士形

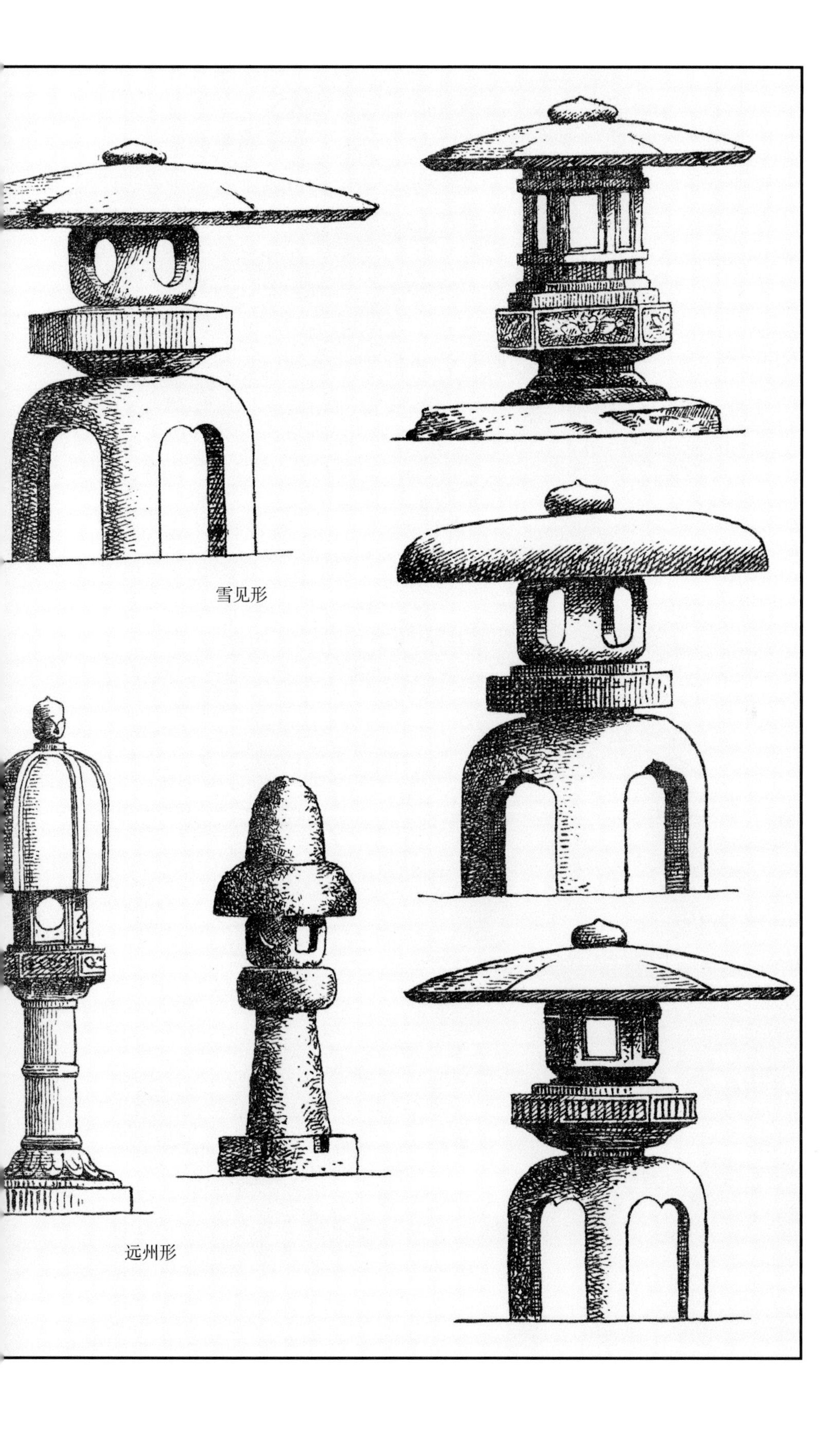

图58 庭园灯笼和手水钵

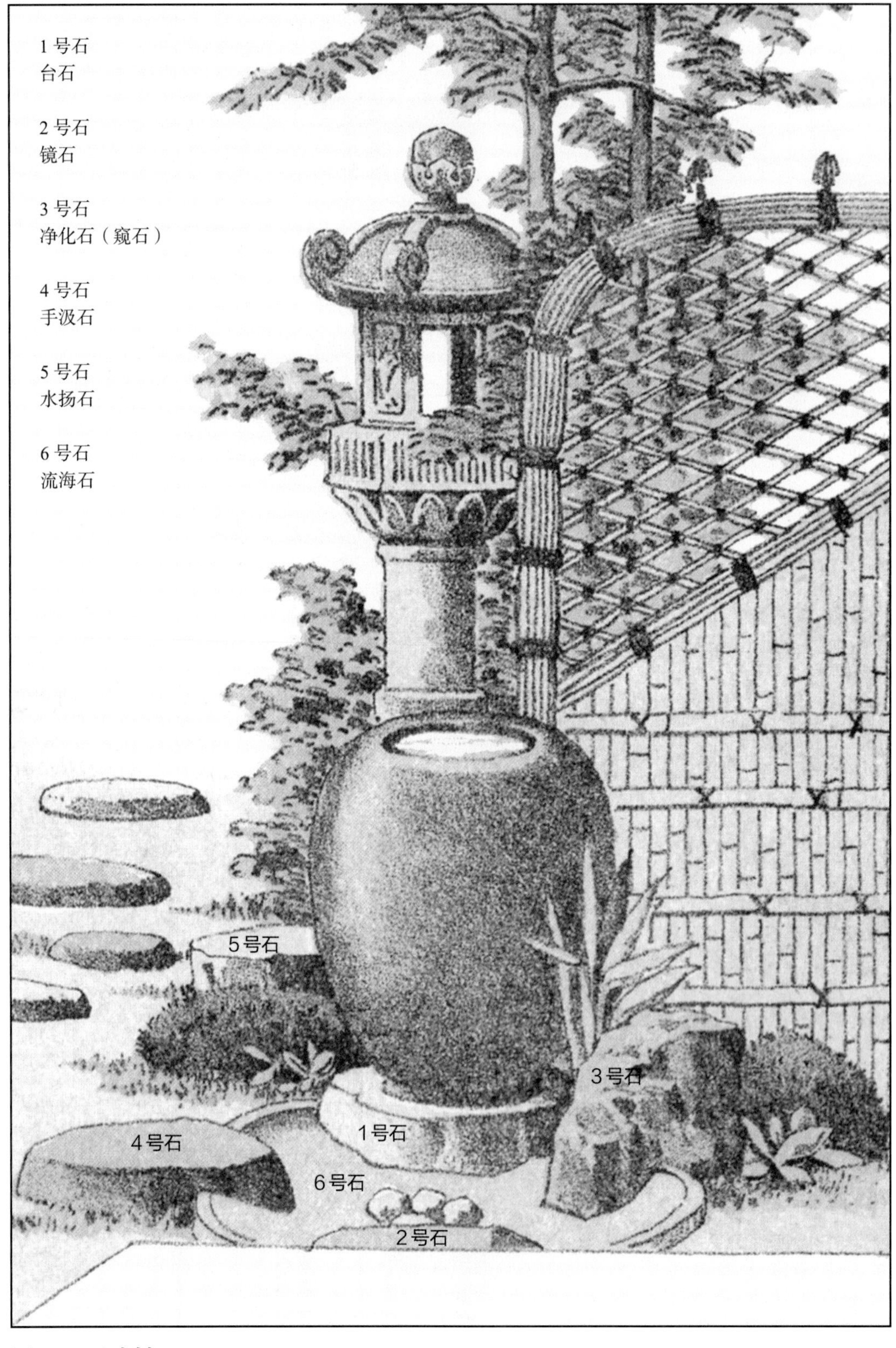
1号石
台石
2号石
镜石
3号石
净化石（窥石）
4号石
手汲石
5号石
水扬石
6号石
流海石
5号石
3号石
1号石
4号石
6号石
2号石

图59　手水钵

图 60　手水钵

图 61　手水钵

图 62　手水钵

石栈桥
八木桥
中国石拱桥

图63　庭桥

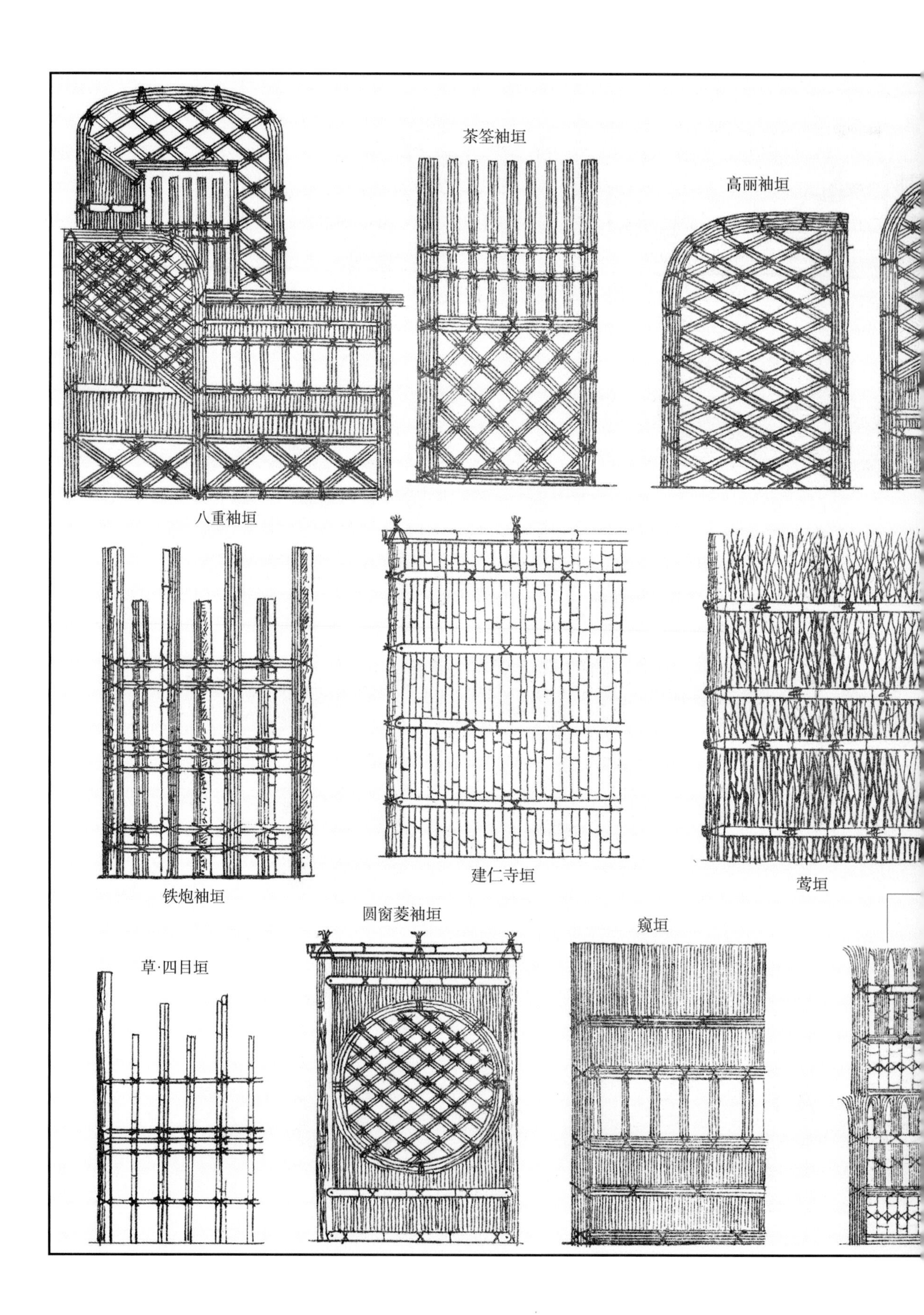
茶筌袖垣
高丽袖垣
八重袖垣
建仁寺垣
莺垣
铁炮袖垣
圆窗菱袖垣
窥垣
草·四目垣

图64 庭园篱笆

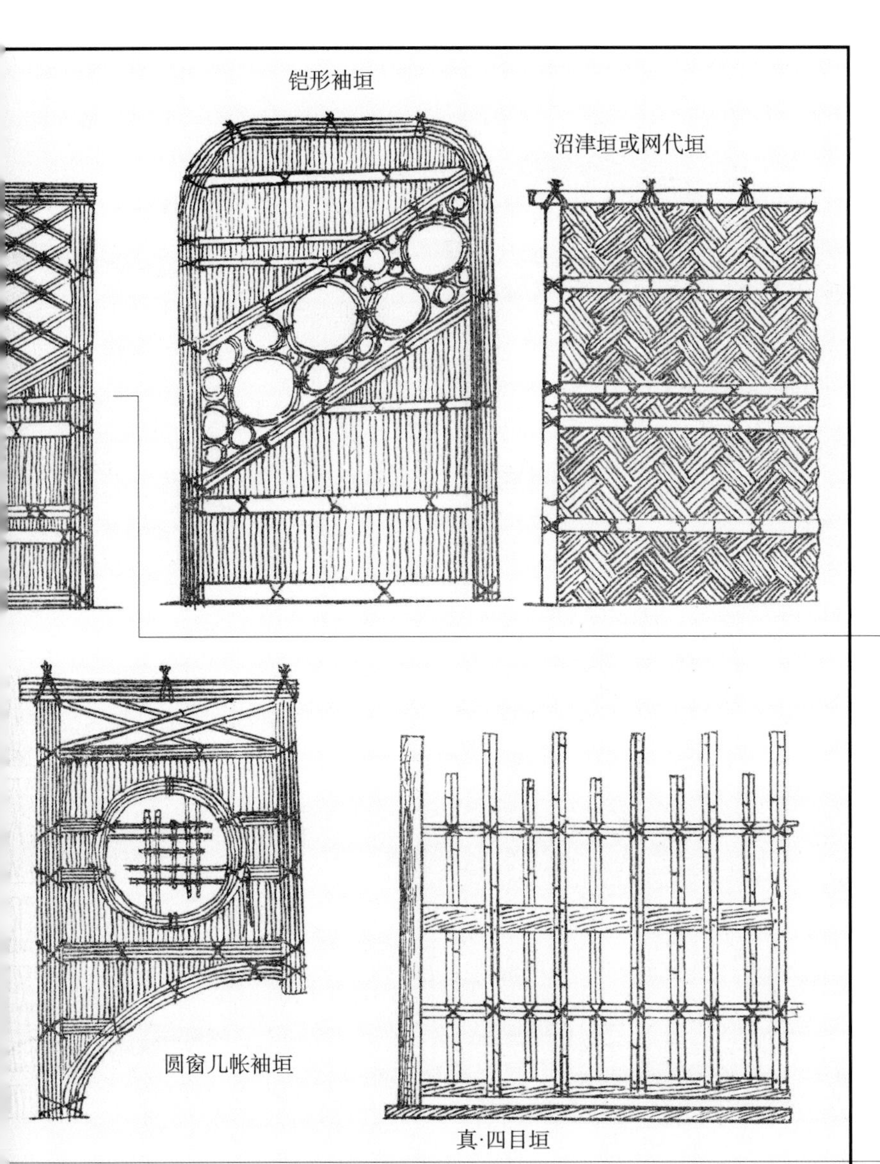

低腰高丽袖垣

木贼腰双重松明垣

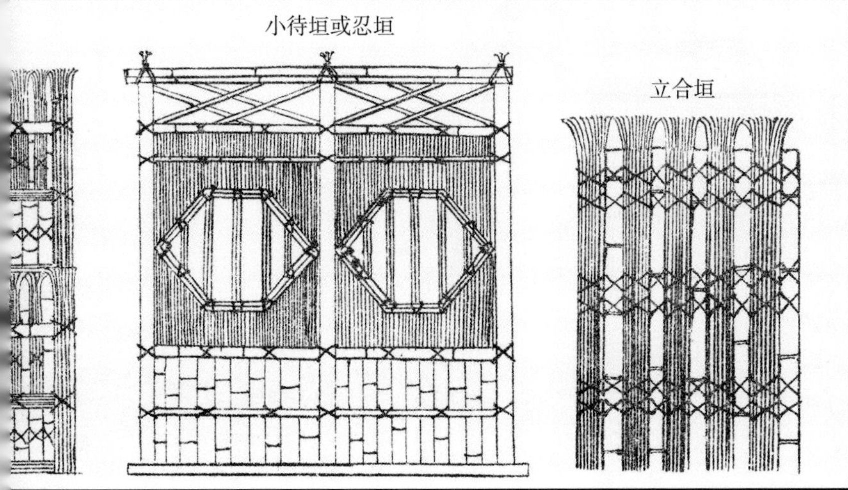

休息棚
草席凉亭
休息棚

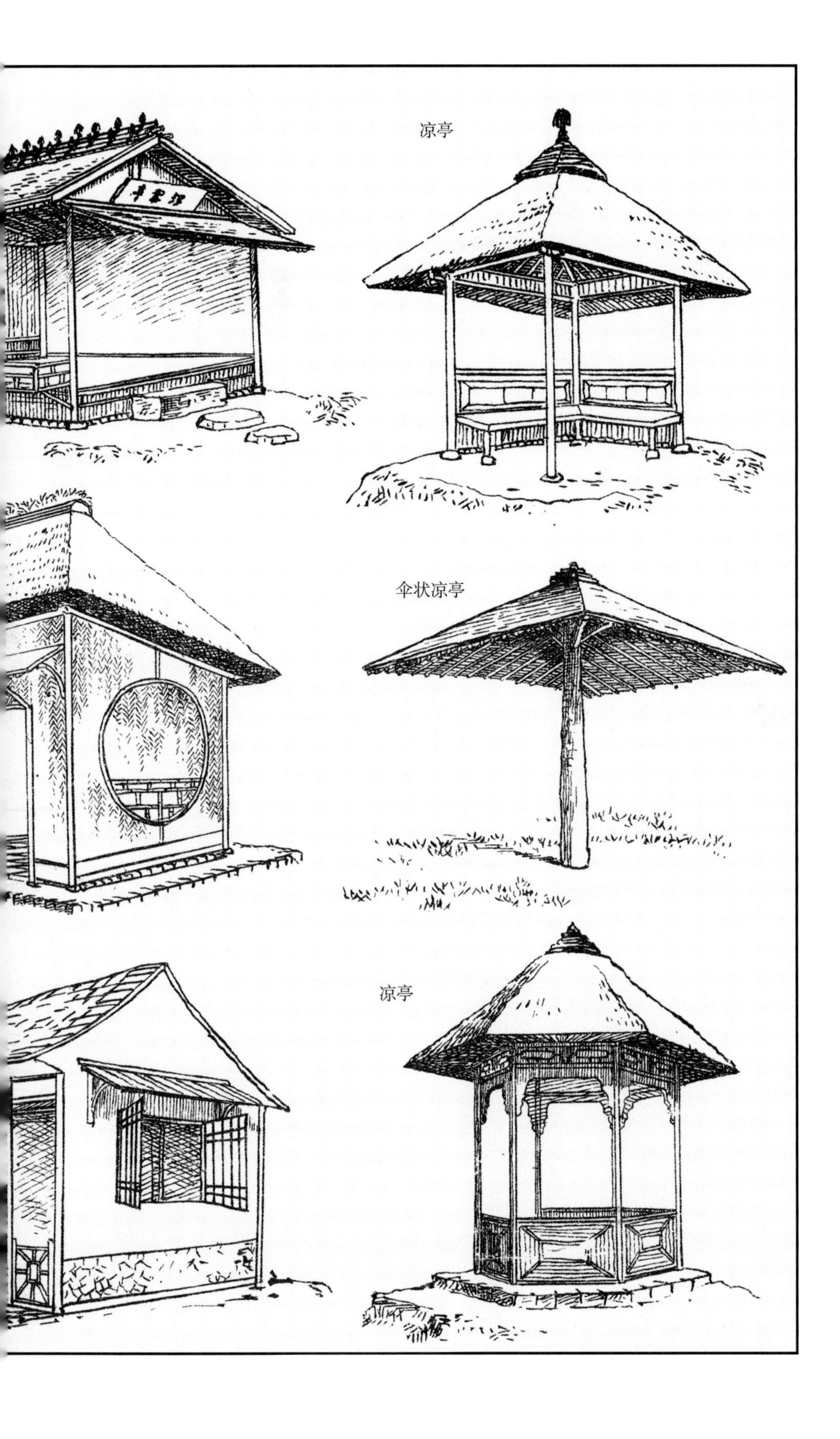

图65 庭园凉亭